科普江苏创作出版扶持计划项目

世界湿地中国行

给青少年讲述湿地城市的故事（一）

曹福亮　主编

南京出版传媒集团
南京出版社

图书在版编目（CIP）数据

世界湿地中国行：给青少年讲述湿地城市的故事．一 / 曹福亮主编；苏涛等副主编．-- 南京：南京出版社，2025. 4. -- ISBN 978-7-5533-5222-0

Ⅰ．P942.078-49

中国国家版本馆 CIP 数据核字第 2025PF5275 号

书　　名　世界湿地中国行——给青少年讲述湿地城市的故事（一）
主　　编　曹福亮
副 主 编　苏　涛　栾兆擎　周　延　张　永
出版发行　南京出版传媒集团
　　　　　　南　京　出　版　社
社　　址　南京市玄武区太平门街 53 号
邮　　编　210016
联系电话　025-83283873、83283864（营销）　025-83283878（编务）

策划统筹　孙前超
责任编辑　孙前超　杨淑丽
执行编辑　马　凌
装帧设计　石　慧　刘　俊
责任印制　杨福彬
文中未标出处的图片经视觉中国网站授权使用

排　　版　南京私书坊文化传播有限公司
印　　刷　南京大贺开心印商务印刷有限公司
开　　本　787 毫米 ×1092 毫米　1/16
印　　张　14.5
字　　数　185 千
版　　次　2025 年 4 月第 1 版
印　　次　2025 年 4 月第 1 次印刷
书　　号　ISBN 978-7-5533-5222-0
定　　价　68.00 元

编委会

前言

地球是我们唯一赖以生存的家园。湿地存在的重要性在于其独特的生态系统，是陆地与水域之间的过渡地带，蓄藏丰富的淡水、动植物和矿产等自然资源，为社会生产提供多种原料和能源。湿地自然环境独特，风光秀丽，也不乏人文景观，是人们旅游、度假、疗养的理想佳地。湿地也是地球重要的环境“调节器”，通过蒸发和蒸腾作用产生大量水蒸气，从而提高周围地区的空气湿度，还可能影响降水，增加地表湿度和地下水资源。此外，湿地通过水生植物作用，固定、转化土壤和水体中的营养物质含量，转化有毒元素的形态并降解污染物质，对水体起到一定的净化作用。因此，湿地为人类的生存和繁衍提供宝贵的自然资源、生态服务和文化价值，是我们共同的宝贵财富。

作为自然界中独特的生态系统与城市环境交织的瑰宝，城市湿地不仅具有丰富的生物多样性，还承载了为城市居民提供宝贵的自然体验与生态服务的功能。其重要性在于：

1. 它是地球上最具生物多样性的生态系统之一，为无数动植物提供了栖息和繁殖的场所，形成了复杂而稳定的生态网络。其生物多样性不仅丰富了城市的自然景观，还为科学研究和教育提供了重要资源。

2. 它具有独特的自然风光和丰富的野生动植物资源，成为城市居民休闲、游憩的好去处，同时也是摄影爱好者和自然观察者的天堂。人们可以在这里亲近自然、放松身心，享受远离城市喧嚣的宁静与美好。

3. 它蕴含了丰富的历史文化，见证了城市的发展和变迁，不仅是自然遗产的重要组成部分，也是文化遗产的重要载体。通过保护和恢复城市湿地，我们可以更好地传承和弘扬这些珍贵的历史文化。

城市湿地以其独特的魅力、重要性以及不可忽视的功能性，成为现代城市建设中不可或缺的一部分。

“国际湿地城市”评选是一项国际认证计划，旨在提升各国对湿地保护的重视，倡导城市对湿地系统的合理利用。该项认证计划由《湿地公约》（全称《关于特别是作为水禽栖息地的国际重要湿地公约》）组织负责，自 2017 年初缔约方大会首次提出在全球范围启动认证以来，已成为提升城市湿地保护意识、倡导人与自然和谐共生理念的重要项目。2018 年 10 月 25 日，在迪拜举行的《湿地公约》第十三届缔约方大会上，我国黑龙江哈尔滨、海南海口、宁夏银川、湖南常德、江苏常熟和山东东营 6 个城市，成为该项认证计

科考团队在国家级自然保护区玛旁雍错湿地（苏涛　聂峰 / 摄）

划全球首批入选的“国际湿地城市”。2022年11月10日，在日内瓦举行的《湿地公约》第十四届缔约方大会上，全球第二批“国际湿地城市”公布，我国有7个城市获此殊荣，分别是安徽合肥、山东济宁、重庆梁平、江西南昌、辽宁盘锦、湖北武汉和江苏盐城。这些城市在湿地保护与利用方面取得了显著成就，也为全球其他城市提供了可借鉴的经验和模式。

《世界湿地中国行——给青少年讲述湿地城市的故事（一、二）》通过翔实的文字和精美的图片，对我国第一、二批13个“国际湿地城市”的魅力和特点，具有代表性的湿地公园、自然保护区以及动植物资源，进行科普介绍，为我国青少年了解城市湿地的分布、功能和特色，提供基础常识和背景参考。本套书有利于提升青少年在湿地生态系统的保护和修复、维护生物多样性、保障生态安全等方面的意识和觉悟，也有利于提高公众对湿地保护的认识和参与度，营造全社会共同关注、支持湿地保护的良好氛围。

综上所述，获得“国际湿地城市”认证是对我国城市湿地保护成就的认可，更是推动全球湿地保护事业发展的重要动力。随着更多城市获得认证，相信湿地将成为地球上更加璀璨的明珠，为子孙后代留下更多宝贵的自然遗产。在未来的发展中，我们应更加重视和坚持城市湿地的保护和恢复工作，让这些自然瑰宝继续为城市的繁荣和社会的发展贡献力量。

曹福亮

目录

第一章

中国“国际湿地城市”

第二章

冰城夏都，避暑胜地——哈尔滨

3

第三章
塞上江南，凤凰之城——银川

4

第四章
黄河入海，水漫丰色——东营

5

第五章
江南福地，一城山水——常熟

6

第六章 青青柳城，洞庭烟波——常德

7

第七章 海韵椰风，琼岛明珠——海口

第一章

中国“国际湿地城市”

1

一、地球神奇的湿地在哪里

在蓝色星球上，我们对“湿地”（wetland）这个词并不陌生。简单来说，湿地是陆地与水域之间具有独特的生态功能和价值的过渡地带。随着我国大力推进湿地保护与修复工作，我国的城市湿地面积也在不断扩大。

可是，有人仍然心存困惑：到底什么样的陆地类型或水域类型才能被称为湿地？黄河、长江沿岸的河漫滩属于湿地吗？公园里的湖泊、池塘和水库也属于湿地吗？想要回答这些问题，我们首先需要了解湿地的主要特征。

湿地

国家级自然保护区玛旁雍错湿地（苏涛　聂峰／摄）

在地理位置上，湿地是位于陆地和水域之间的过渡地带，通常在低洼地形成。这些区域常年或季节性积水，水位接近或高于地表。湿地拥有丰富的动植物资源，包括鸟类、鱼类、昆虫和植物等。这些生物不仅适应了湿地的特殊环境，还形成了复杂的物质循环和能量流动系统，具有很高的生态价值。

同时，湿地的水文条件对其属性起决定性作用。水源包括降水、地下水、潮汐、河流、湖泊等，水深、水流方式以及淹水的持续期和频率，都影响着湿地的生态多样性。湿地土壤通常是湿生土壤或水成土，由于长期浸泡在水中，土壤通气条件较差，形成特殊的厌氧环境，有利于有机质的积累和泥炭化过程。湿地具有调蓄洪水、涵养水源、调节气候、净化水质、保存物种和提供栖息地等众多生态功能，因此被誉为“地球之肾”。

地球之肾

此外，湿地生态系统对环境变化较为敏感，容易受到自然或人为活动的影响而发生变化。当水量减少时，湿地可能演替为陆地生态系统；当水量增加时，又可能恢复为湿地生态系统。湿地生态系统的初级生产力较高，据报道其每年每平方米平均可生产约 9 克蛋白质，显著高于多数陆地生态系统的生产力水平。

1971 年 2 月 2 日，在伊朗的拉姆萨尔地区，召开了“湿地及水禽保护国际会议”，会上通过了《关于特别是作为水禽栖息地的国际重要湿地公约》，（简称《湿地公约》）旨在为全球湿地及其资源的保护和合理利用提供框架。

按照《湿地公约》定义：不论天然或人工、永久或暂时、静止或流动、淡水或咸水，只要是由沼泽、泥沼、泥炭地或水域构成的地区，包括低潮时水深不超过 6 米的海域，都被认定为湿地。同时，《中华人民共和国湿地保护法》规定：湿地是指具有显著生态功能的自然或者人工的、常年或者季节

雅鲁藏布江源区湿地中的黑颈鹤
（陈军 / 摄）

性积水地带或水域。这包括低潮时水深不超过6米的海域，但不包括水田和用于养殖的人工水域或滩涂。

湿地几乎涵盖了陆地上所有相对固定的天然或人工的水体，还包括低潮时水深不超过6米的海域。通常，湿地会有较多的水体，比如沼泽、河流、湖泊或者海滩，其中河岸带、湖滨带等过渡区域是湿地生态系统的重要组成部分。湿地还可以分为淡水湿地和咸水湿地，这取决于它们所包含水的咸淡程度。

湿地对于地球的作用像肾脏对人体的作用一样，能将污浊的泥水化作涓涓细流。湿地是自然环境中自净能力最强的生态系统之一。据研究显示，其单位面积净化能力是同等地域森林系统的1.5倍。

湿地具有减缓水流、促进沉积物沉降的自然特性，其植物、微生物能够吸收污水，净化水体。湿地作为“天然的蓄水池”，可以把大量的水储存在植物体内。此外，湿地的土壤中特有的草根层和泥炭层，孔隙度很大，具有很强的持水能力，起到了涵养水源的重要作用。

湿地与水关系密切，它是水资源的重要储存者和补给者，在蓄水、调节河川径流、补给地下水、改善水质和维持区域水循环中发挥着重要作用。

湿地还被称为“鸟类的天堂”和“人类的聚宝盆”，这与其维护生物多样性及调节气候等功能密切相关。湿地是一种“半水半陆”的独特的生态系统，其中在这里栖息的既有陆生的动植物，也有水生的动植物。因此，湿地为许多动植物物种的生命循环提供了不可缺少的生存环境。

在亚洲的57种濒危鸟类中，我国有31种。在贵州威宁草海湿地，每年栖息越冬的鸟类有200多种，数量达10万只以上，其中黑颈鹤是世界上唯

晨光中飞翔的黑颈鹤

一的高原鹤，属国家一级重点保护野生动物。

湿地不仅具有丰富的生物资源、水资源，还储藏有极具利用价值的矿产资源。湿地中有各种矿砂、盐类资源、泥炭资源和油气资源。湿地可以为人类社会工业经济的发展提供食盐、芒硝、天然碱和石膏等多种原料，以及硼、锂等多种稀有金属矿藏。

泥炭是沼泽环境中特有的产物。在我国若尔盖高原，当地人利用其蕴藏的 19 亿立方米湿地泥炭的资源，探索其在燃料方面的可持续利用模式，以补充当地电力资源的不足。

湿地功能独特，不仅具有净化水质、调节气候、固碳储碳、涵养水源和提供生物栖息场所等生态功能，还具有蓄洪防旱，补充地下水，提供丰富的动植物产品、旅游和野外科学场所，传承文化等重要的社会经济功能。

湿地从维持生物多样性、涵养水源、应对气候变化、抵御灾害和提供可持续生计等各个方面，默默守护和滋养着地球上的亿万生灵，为人类社会发展和文明进步提供重要的物质和环境基础。湿地为全球超过 40% 以上的已知物种提供栖息地和繁殖场所。湿地也被称为“天然物种基因库”，成为生物多样性保护的热点区域。

《湿地公约》将湿地划分为40种类型，包括31类天然湿地和9类人工湿地。这种分类体系有助于全球范围内对湿地进行统一的保护和管理，确保湿地生态系统的可持续发展。目前，我国是世界上湿地类型齐全和数量丰富的国家之一，全国湿地总面积约5624万公顷，居亚洲第1位、世界第4位。结合湿地资源的状况，我国常见天然湿地类型主要有沼泽湿地、湖泊湿地、河流湿地、滨海湿地。另外，还有人工湿地。

（一）天然湿地

❶ 滨海湿地

滨海湿地是指近海与海岸的地区，由天然的滨海地貌形成的浅海、海岸、河口以及海岸性湖泊湿地，主要包括浅海水域、潮下水生层、珊瑚礁、岩石性海岸、沙石海滩等类型。我国滨海湿地按潮汐作用划分为潮上带、潮间带、潮下带三个小亚类。根据盐度条件，湿地被分为咸水湿地（盐度>30‰）、半咸水湿地（0.5‰—30‰）和淡水湿地（盐度<0.5‰）。植被分类则根据植被特点分为滨海盐沼、滨海沼泽湿地、挺水植物湿地、红树林沼泽和海草床等类型。

滨海湿地不仅是许多海洋生物的重要栖息地，也是维护海岸线稳定和防止海水侵蚀的关键区域。

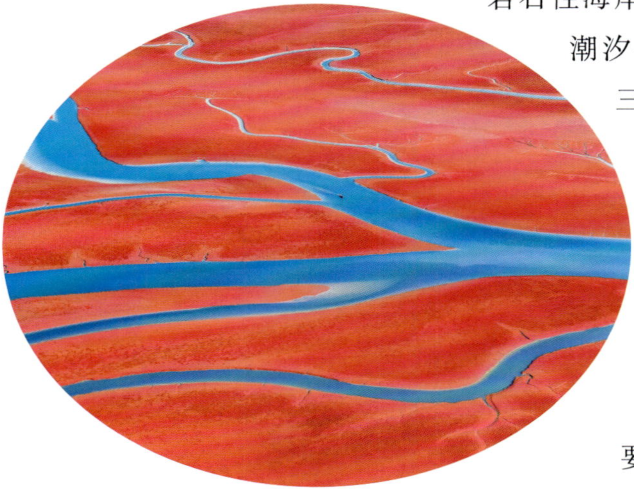

滨海湿地

湖泊湿地

❷ 湖泊湿地

湖泊湿地是湿地的一种重要类型，具有独特的结构和功能。我国的湖泊湿地主要分布于五大区域，包括青藏高原湖区、蒙新高原湖区、云贵高原湖区、东北平原及山地区湖区和东部平原湖区（长江及淮河中下游、黄河及海河下游）。这些区域的湖泊湿地不仅具有重要的生态价值，还对当地的水资源管理和生物多样性保护起着关键作用。湖泊湿地通常位于湖泊、水库、塘坝等相对静水的水域内，暂时或长期覆盖浅水的低地。湖泊湿地不仅包括湖泊水体本身，还包括其与陆地过渡带的沼泽、滩涂等区域。

湖泊湿地具有多重生态服务功能，包括调蓄洪水、维持生物多样性、调节气候、涵养水源等生态价值，同时在支持水产业、局部航运等社会经济活动中发挥重要作用。

③ 沼泽湿地

沼泽湿地是最主要的湿地类型之一，以泥炭沼泽和草本沼泽为主。沼泽湿地具有丰富的生物多样性，为许多动植物提供栖息地，同时在调节气候、涵养水源等方面发挥重要作用。沼泽湿地的地表常年潮湿积水，地面上喜湿性植物大量生长，其下有泥炭堆积。我国沼泽湿地分布范围广、面积大。分布较集中的地区有东北的三江平原、大兴安岭、小兴安岭、长白山，西北的柴达木盆地，四川的松潘草地及藏北羌塘内陆河区等。其中，仅四川松潘草地的面积便达 2700 平方千米。

沼泽湿地在冷湿气候（如高纬度地区）或湿热气候（如热带河口）条件下更易形成。低等植物（主要是藻类）遗体经厌氧细菌分解，可形成含水量很高的腐胶质，再与黏土和粉砂混合并经过脱水变致密后成为腐泥，腐泥经过成岩作用可转变成油页岩。高等植物遗体中的纤维素及木质素物质，在厌

沼泽湿地

氧细菌的参与下，经过氧化、分解、合成等复杂过程转化为亲水的腐殖酸及腐殖酸盐等。这些腐殖物质与沼泽中的泥沙及溶解于水中的矿物质等混合，从而形成泥炭。泥炭的有机质中含碳量可达 60%。泥炭是湖沼发展和演化中形成、聚集的典型产物。沼泽湿地蕴藏着较大的生物生产力，为人类提供了丰富的动植物产品和生产原料。沼泽的存在不仅保护了物种和遗传的多样性，还带来丰富的经济效益和社会效益。

④ 河流湿地

河流湿地指与河流水文过程直接相关的湿地类型，包括河流本身（常年或季节性流水区域）及周边因水流作用形成的浅滩、河漫滩、洪泛平原等过渡地带。河流湿地在我国的分布受地形和气候影响较大，主要集中在东部湿润多雨的季风区。按水文和地貌形态，可分为永久性河流湿地、季节性或间歇性河流湿地、泛滥平原湿地和喀斯特溶洞湿地。河流湿地对于维持水循环、净化水质和防洪减灾具有不可替代的作用。

河流湿地

（二）人工湿地

人工湿地是由人类建造或改造的湿地系统，主要用于污水处理、生态修复及生物多样性保护。尽管人工湿地在一定程度上满足了人类的生产和生活需求，但我们仍需要注意其对自然生态系统的影响，并合理规划和管理人工湿地，从而确保可持续发展。人工湿地主要包括污水处理湿地、生态修复型

绿意盎然的湿地景观

水库、人工沼泽、生态池塘及生态化管理的稻田湿地等，核心功能包括净化水质、恢复生物栖息地、调节微气候及提供生态景观。人工湿地不仅能够通过生态服务保障城市水资源安全，还为居民提供亲水空间，促进人与自然和谐共生。

我们在认识和了解湿地以及我国的几大类型湿地之后，需要来认识一下什么是湿地城市。湿地城市是指建立在湿地周边或内部的城市。这些城市通常会利用周围湖泊、河流和沼泽等湿地资源，并在城市规划和建设中充分考虑湿地生态系统的保护和管理。湿地城市的发展通常会注重生态平衡和可持续发展，通过合理规划和有效管理，既保护湿地生态环境，又为

云南沾益海峰湿地

城市居民提供宜居环境。

湿地城市的建设可以提升城市生态系统的健康水平，改善空气质量，增加绿色空间，促进生物多样性保护，同时还能带来更好的自然景观和休闲体验。通过科学规划和管理，湿地城市不仅能实现人与自然的和谐共生，更能为未来城市可持续发展提供有益借鉴。

人类择水而居，城市临水而建，大江大河之畔，城市相伴而生。城市发展的过程，往往也是对湿地改造、利用的过程，两者之间复杂的相互作用在塑造城市化进程的同时，也深刻地改变了原有自然湿地的特征。城市湿地被切割为孤岛式分布的湿地斑块，且呈现面积萎缩、连通性下降等特征。尽管它的生态功能不可避免地受到城市化过程等人类活动的干扰，但在净化水质、调节气候等方面仍发挥着不可替代的重要作用。

古代山水画蕴含湿地元素

二、中国湿地城市发展概况

我国湿地城市发展的历史可以追溯到古代。湿地在古代有着“薮”“泽”和“海”等称法。《诗经》中“关关雎鸠，在河之洲”的诗句描绘了湿地景色，体现了古人用诗意的眼光看待湿地。历史悠久的桑基鱼塘、蔗基鱼塘等中国传统湿地保护利用方式，至今仍在传承并发挥着生态价值。

新中国成立初期，湿地保护工作相对较为薄弱，主要侧重于农业

《千里江山图》局部（江参 / 绘）

生产和资源开发。一些湿地区域被开垦为农田或用于其他经济活动，导致湿地面积有所减少，生态环境承受一定压力。随着工业化和城市化进程的加快，一些湿地城市面临着开发利用的压力和生态环境的挑战。

然而，随着经济的快速发展和环境保护意识的逐步提升，我国高度重视并持续加强湿地保护以及可持续利用的工作。

1992 年，我国正式加入《湿地公约》，成为第 67 个缔约方。2015 年，我国成立了中国湿地保护协会。2024 年，中国湿地保护协会红树林湿地保护专业委员会成立。我国湿地保护事业迎来了快速发展阶段，湿地城市建设也取得显著成效。通过实施生态修复、规划建设和管理措施，一些城市成功实现了湿地保护与城市发展的良性互动，构建起兼具独特生态特色和人文魅力的湿地城市。

2021 年 12 月 24 日，《中华人民共和国湿地保护法》正式公布，并于 2022 年 6 月 1 日正式施行，从立法和行政管理角度，给予湿地重要的保护地位。同时，我国积极开展湿地修复工程，通过生态补水、植被恢复和栖息地营造等方式，改善湿地生态环境，提升湿地生态系统功能。《中华人民共和国湿地保护法》作为我国首次针对湿地生态系统的专门立法保护，它的实施不仅标志着我国湿地保护工作全面进入了法治化轨道，更填补了中国生态系统立法空白，进一步丰富和完善了我国生态文明制度体系。

2024 年是我国加入《湿地公约》32 周年。经过 32 年，我国在湿地保护方面和国家湿地公园试点工作取得了很多成就：

★ 建立了一系列的湿地保护区和湿地公园，这些地方成了许多动植物的家园，帮助它们生存和繁衍。

★ 进行了很多湿地的恢复和修复工作，改善了湿地的生态环境，让它们变得更加美丽和健康。

★ 开展了湿地公园的试点工作，让更多的人能够亲近大自然，了解湿地生态，培养大家对自然环境的保护意识。

目前，这些湿地公园正在逐步完善和发展，成了青少年科普教育的重要基地，让更多的小朋友能够在游玩中学习，增长知识，感受大自然的奇妙之处。

回顾2017年初，《湿地公约》缔约方大会首次倡议在全球范围启动“国际湿地城市”认证机制。通过认证引起各国对湿地保护的重视，倡导城市对湿地生态系统的合理利用，保持社会经济文化发展与湿地生态系统服务间的密切关系，实现湿地的合理永续利用。我国湿地保护工作取得了显著成效，得到了国际社会的广泛认可。我国以全球4%的湿地资源，支撑着约20%的人口对湿地生态服务的需求。

2018年10月25日，哈尔滨市、海口市、银川市、常德市、常熟市和东营市被评为首批“国际湿地城市”并授牌。截至2024年，我国共有13个城市入选“国际湿地城市”，是全球入选城市数量最多的国家。此外，我国还积极参与国际湿地保护合作与交流，与各缔约方广泛合作，为推动全球湿地保护事业发展贡献了中国智慧和中国方案。

中国武汉《湿地公约》
第14届缔约方大会徽标

“国际湿地城市”的建设目标是通过保护和恢复湿地生态系统，实现城市可持续发展和生态平衡。在城市规划和建设中，充分考虑对湿地的保护，并将湿地纳入城市绿地系统。同时，城市应致力于保护湿地中的植物和动物物种，改善水质，增强防洪和水资源管理，促进环境教育和科学研究，以及提升居民的生活质量。我国的“国际湿地城市”在湿地保护和可持续发展方面取得了显著成就，为其他城市提供了有益的借鉴和启示。

鹤舞鸣春

我国古人曾写下“鹤鸣于九皋，声闻于野”。历史浩荡千年，中华儿女与湿地休戚与共、和谐共生之道已融入中华文明的血脉。绵延至今，我国融入世界湿地保护大家庭，彰显湿地保护的东方智慧和修复活力。放眼未来，我国将继续为全球湿地保护贡献东方力量。

三、“国际湿地城市”评选标准

“国际湿地城市”认证旨在促进湿地保护和可持续发展，激励城市政府和利益相关者制定、实施有力的湿地保护措施，并提高公众对湿地生态系统价值的认识和重视。认证标准包括湿地保护、湿地管理、教育与传播、社区参与和国际合作等五个方面，要求城市政府和利益相关者采取切实有效的行动，保护和恢复湿地生态系统，促进湿地与城市的融合发展。

那么，评选标准到底是什么？什么城市可以获得此项殊荣呢？首先，“国际湿地城市”是指按照《湿地公约》决议规定的程序和要求，由缔约国政府提名，经国际湿地城市认证独立咨询委员会批准，颁发“国际湿地城市”。这些城市在湿地保护和可持续发展方面表现出色，积极采取行动保护和管理其湿地资源，并在社区、政府和利益相关者之间建立了良好的合作关系。

“国际湿地城市认证独立咨询委员会”是“国际湿地城市”评选的权威机构。该机构负责对申报的城市进行评估和认证，确保其符合相关的标准和要求。具体说，各缔约国政府可以提名符合条件的城市参加“国际湿地城市”评选。之后，由“国际湿地城市认证独立咨询委员会”对这些提名城市进行严格的评估。评估内容涵盖城市的湿地资源条件、保护管理机制、生态保护与修复成果、合理利用与宣教情况等多个方面。只有通过评估的城市才能获得“国际湿地城市”的认证证书。对于已经获得认证的“国际湿地城市”，该委员会也会进行持续的监督和审查。如果该城市在湿地保护和管理方面出现问题或未达到相关要求，委员会有权撤销其认证资格。总之，该委员会在全球湿地城市的评选和认证工作中发挥着至关重要的作用，其权威性和专业性得到了广泛认可。

“国际湿地城市”的评选标准，主要包括以下方面要求：

⋆ 湿地资源条件：城市行政区域内应当有一处（含以上）国家重要湿地（含国际重要湿地）或者国家级湿地自然保护区或者国家湿地公园等。这是申报的基本前提，体现了该城市在湿地保护方面的重要地位和价值。如常德的西洞庭湖国家级自然保护区、海口的海南东寨港国家级自然保护区等，都是其成为“国际湿地城市”的重要支撑。

⋆ 湿地率要求：城市湿地率需达到一定标准，滨海城市湿地率不低于10%，湿地保护率不低于50%，并且湿地面积3年内不减少，确保湿地资源的相对稳定和可持续性。

⋆ 保护管理机制：已经把湿地保护纳入当地国民经济和社会发

展规划，编制了湿地保护专项规划，基本保障了湿地保护修复投入需求。同时，所在城市已颁布湿地保护地方性法规或政府规章，并将湿地面积、湿地保护率、湿地生态状况等保护成效指标纳入城市生态文明建设目标评价考核等制度体系。这为湿地的保护和管理提供了法律和政策保障。

★ 专门机构与人员配置：已经成立湿地保护管理的专门机构，配置专职的管理和专业技术人员，开展湿地保护管理工作。专业的机构和人员能够更好地实施湿地保护措施，提高保护效果。

★ 生态保护与修复：针对所列湿地采取了有效的保护或恢复措施，并取得较好成效。例如，通过退耕还湿、植被恢复、水质改善等方式，提升湿地生态系统的质量和功能。

★ 生态预警与动态监测：建立湿地生态监测与预警机制，制定实施管理计划，开展动态监测和评估，在遇到突发性灾害事件时有防范和应对措施，以维持湿地生态特征稳定。

★ 合理利用：湿地利用方式符合全面保护及可持续利用原则，同时综合考虑湿地保护及湿地生态、经济、文化等多种功能有效发挥。避免过度开发和不合理利用对湿地造成破坏。

★ 宣传教育与公众参与：已经建立专门的湿地宣教场所，面向公众开展湿地科普宣传教育和培训。建立了湿地保护志愿者制度，组织公众积极参与湿地保护和相关知识传播活动，提高公众的湿地保护意识。

★ 无重大破坏行为：近 3 年内在针对本条第一款所列湿地未从事开（围）垦、填埋、排干、擅自改变用途及永久性截断水源等活动，并且在其他湿地未发生重大案件和破坏行为。这是对城市湿地保护成果的一种检验，确保湿地生态系统的完整性和稳定性。

截至 2024 年，全球已有 43 个城市获得“国际湿地城市”认证。这些城市位于不同的地理区域，包括亚洲、欧洲、北美洲、非洲等。这些城市在湿地保护和可持续发展方面表现出色，为其他城市提供了宝贵的经验和借鉴。

几年前，一群火烈鸟飞到西班牙瓦伦西亚（Valencia）阿尔布费拉自然公园安家，这一景象深深地烙在了阿尔布费拉湿地的每一位工作人员的记忆中。后来，越来越多的火烈鸟来到这里，这真是令人兴奋的事情。

瓦伦西亚是新晋获得“国际湿地城市”认证的城市之一，其阿尔布费拉湿地公园秀丽迷人，风景如画。在瓦伦西亚语中,“阿尔布费拉”意为“湖泊”。这片占地 2.1 万公顷的湖泊是大约 80 种鸟类的家园。瓦伦西亚稻米原

瓦伦西亚阿尔布费拉自然公园的火烈鸟

产地认证机构工作人员表示，有些候鸟在这里过冬后回到欧洲北部，或者是度过相对凉爽的夏天后再返回非洲大陆。还有一些鸟类来了就不愿意离开。水稻为鸟类提供了丰富的食物资源，也是它们选择留下的一个重要原因。瓦伦西亚湿地保护的核心理念是努力维护生态系统的完整性，保障生态系统的自循环顺畅。

阿尔布费拉湿地种植很大面积的水稻，这些水稻不仅给鸟类提供食物，还有助于净化湖水，使湖水形成有益循环，是湿地生态的重要组成部分。海洋公园建在湖泊之上，海洋馆藏在湖水之下。走进海洋馆，游客仿佛置身于一个小小的湿地公园——鹈鹕、绿头鸭和火烈鸟等水生动物在身边游弋，小鱼在芦苇间嬉戏。

南非开普敦市（Cape Town）西北方向，有一条迷人的海岸公路。沿着这条公路驾车大约 15 分钟，便可进入“鸟的天堂”。海滩上，成群的海鸥在觅食；湖沼浅滩上，火烈鸟和鹈鹕等 180 多种鸟类在欢快嬉戏。这里就是当地引以为傲的里特夫雷湿地保护区。开普敦市也因在湿地保护方面取得的成就，而获得了“国际湿地城市”称号。

开普敦市优美的海岸线

开普敦市对河湖湿地的保护条款统一规定，所有水生生态系统都需要建立生态缓冲区。河流的缓冲区宽度可达 40 米，湿地的缓冲区至少 70 米，关键生态系统的缓冲地带要达到 100 米。私人领地的所有者也必须采取负责任的保护措施。如果发生污染，污染者或土地所有者将承担责任，并承担修复费用。开普敦市是南非首个获得“国际湿地城市”认证的城市。

日本出水市位于九州鹿儿岛县的西北部，沿海地区散布着广阔的稻田和滩涂，被誉为“鹤之城”，是鹤类南迁越冬的重要地点。每年的 10 月中旬至次年的 3 月，来自西伯利亚等地的白头鹤、白枕鹤等鸟类，南迁至此过冬。

出水市为鹤群打造了宜居环境，吸引了许多鸟类爱好者前来观赏。据鹤类观察中心提供的数据显示，近年每个越冬季，都有约 3 万人前来观赏鹤群，为这个只有 5 万余人口的小城带来了重要的旅游收入。当入选“国际湿地城市”后，出水市湿地保护事业也将迎来更大的发展。

从其他国家的城市湿地建设以及运营中，我们可以看出，城市湿地生态服务的重要性在世界范围内都得到了普遍的认可，不仅是我国正在大力发展城市湿地建设，更多国家也在渐渐地加入保护、开发、利用湿地的行列。不同的国家通过建立完善法律制度、加强科技支撑、推广科普教育等，不断推进湿地保护和发展事业，积极探索可持续发展之路，共同促进世界湿地的合理发展与利用，这是十分令人兴奋的事情。

四、中国第一批“国际湿地城市”概况

作为城市的“吸水海绵”，城市湿地通过生态功能对城市的发展和进步产生深远影响，具体表现在：吸收二氧化碳，释放氧气，同时吸附空气中的 $PM_{2.5}$ 颗粒物，有助于改善城市空气质量；调节城市气温，有效减缓城市热岛效应，同时缓解水资源压力；通过植物吸收和微生物降解净化水质，保障供水质量；滞纳雨水，显著减少内涝风险。

大庆龙凤湿地自然保护区

随着对城市人居环境要求提升，将湿地资源利用和城市湿地发展结合起来，不仅能减少城市废水污染，还能节省优质水源。减少对河湖湿地水资源的利用量，是解决城市水资源不足条件下湿地、林地等蓝绿生态基础设施生态需水问题的有效途径，对促进城市绿色可持续发展具有重要意义。

城市湿地是重要的生物多样性栖息地，提供了丰富的食物资源，有助于保护各种植物和动物物种。城市湿地带给人们自然景观和休闲空间，为城市居民提供了休闲场所，有利于人们减轻压力、放松身心和促进健康。可以说，城市湿地生态服务对城市生态环境的改善、可持续发展和居民生活质量的提升起着至关重要的作用。因此，保护和恢复城市湿地生态系统，发挥其生态服务功能，是城市可持续发展的重要手段。

我国在湿地保护方面积极应对全球性挑战，自 1992 年加入《湿地公约》以来，安排了大量资金用于湿地保护与恢复工程，修复了大量的退化湿地，并在“国际湿地城市”认证中取得了显著成绩。城市湿地生态服务的重要性在国际社会上也越来越受到更多国家的关注。古往今来，人类逐水而居，文明都是伴水而生，人类生产生活同湿地有着密切联系。守护湿地，对维护生物多样性、固碳减排、缓解和预防自然灾害等意义重大。

2018 年 10 月 25 日，全球首批认证的 18 个“国际湿地城市”公布，我国的哈尔滨、银川、东营、常熟、常德和海口 6 个城市榜上有名。2022 年 6 月 10 日，第二批“国际湿地城市”名单揭晓，全球共 25 个城市获此殊荣，其中包括我国的盘锦、济宁、合肥、盐城、梁平、武汉和南昌。截至 2024 年，全球共有 43 个获得认证的“国际湿地城市”，我国有 13 个城市入选，数量位居全球第一。我国的这些城市在湿地保护和生态建设方面取得了显著成就，展示了人类、自然和城市的和谐共生。

鹤舞黄河口

截至 2024 年 1 月，我国拥有国际重要湿地 82 处，国家重要湿地 58 处，建立国家湿地公园 903 处，《湿地公约》划分的 40 类湿地在我国均有分布。下面，我们来了解一下我国第一批获得认证的“国际湿地城市”的风貌和特点。

❶ 哈尔滨

东北的黑土地养育了一代又一代的中国人，而哈尔滨湿地更是万物生灵的庇护所。作为中国首批获得“国际湿地城市”称号的城市之一，其湿地资源和保护措施具有显著的特点和类型。哈尔滨位于我国东北，是黑龙江省的省会，地处松嫩平原，松花江中游两岸。哈尔滨拥有多种类型的湿地，包括：河流湿地，如松花江等；沼泽湿地，如哈东沿江湿地；湖泊湿地，如呼兰河口湿地；人工库塘湿地，如白渔泡国家湿地公园。

哈尔滨在湿地保护方面采取了多项措施，包括顶层设计和系统保护，如开展了“三沟一河”和沿江两岸整治，部署“绿盾”和打击破坏湿地资源的行动，累计修复湿地 1.5 万公顷。推动湿地保护与利用的转变，注重自然生态、社会参与和可持续发展。通过打造万顷松江湿地和百里生态长廊，形成了以松花江为纽带的“项链式”湿地群，包括南部的哈东沿江湿地和白渔泡国家湿地公园，以及北部的太阳岛、阿勒锦和呼兰河口湿地。作为寒温带湿地保护的标杆，哈尔滨为全球高纬度湿地修复提供了中国方案。

哈尔滨松花江畔湿地（孙晓新 / 摄）

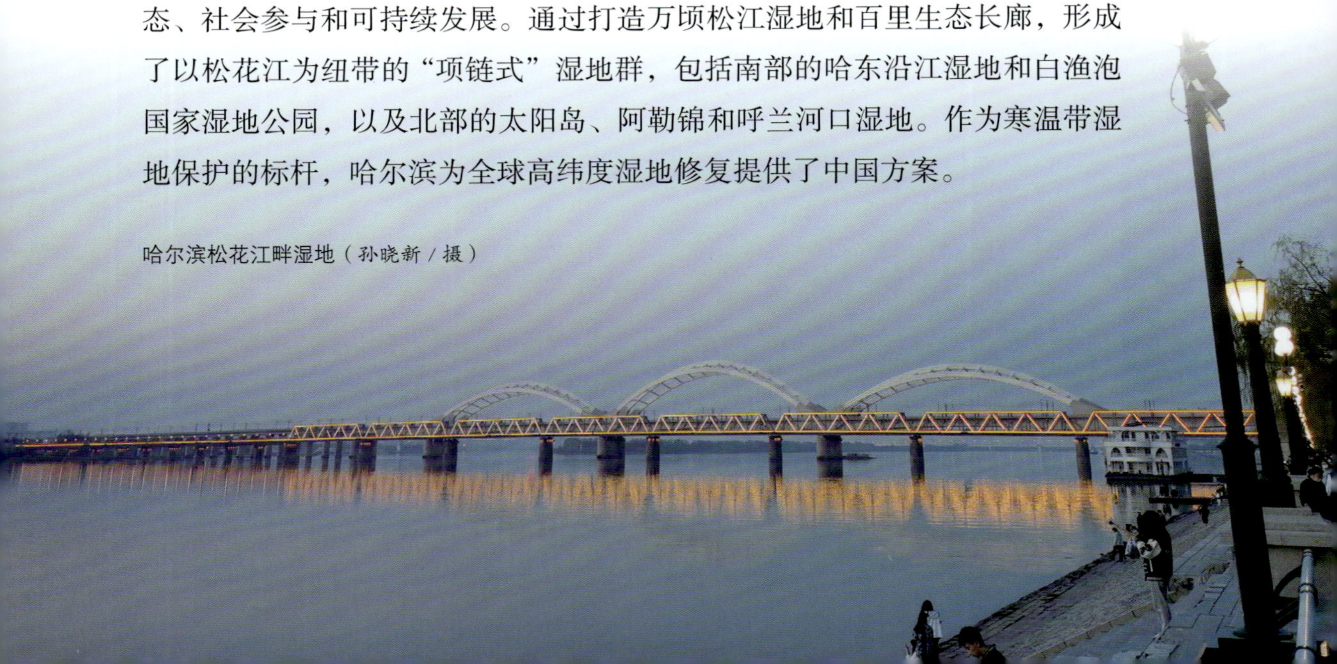

② 银川

银川不仅有着丰富的自然景观，还拥有深厚的历史文化底蕴，是一座充满魅力的“国际湿地城市”。银川市位于我国西北部，地处黄河上游的宁夏平原中部，市平均海拔 1100 米以上，湿地主要分布在黄河南岸区域。湿地类型主要包括：湖泊湿地，如阅海国家湿地公园和鸣翠湖国家湿地公园等；河流湿地，黄河流经银川，形成丰富的河流湿地；沼泽湿地，如天然沼泽区域；人工湿地，包括库塘和渠沟等。

银川湿地是我国西部以及东亚—澳大利西亚鸟类重要的迁徙路线和栖息繁殖地。银川市通过湿地保护与恢复形成了丰富的湿地景观，如“塞上湖城”风貌和“七十二连湖”的历史景观，成为城市生态旅游的重要资源。银川通过恢复黄河滩涂湿地，成为干旱区湿地与城市共生的典范。

银川绿博园

③ 东营

东营市位于山东省北部，黄河与渤海交汇处，是黄河三角洲中心城市，被誉为“东方湿地之城”。湿地总面积 4567 平方千米，湿地率高达 41.58%，这在全国乃至全球都处于较高水平。其湿地类型涵盖《湿地公约》划分的海洋 / 滨海湿地、内陆湿地及人工湿地三大类，具体包括：海洋 / 滨海湿地，即黄河口滨海滩涂及潮间带；河流湿地，即黄河干流及支流形成的河漫滩；湖泊湿地，如清风湖、秋月湖、悦来湖湿地公园和黄河三角洲天鹅湖湿地公园等；沼泽湿地，以芦苇、碱蓬为主的滨海盐沼；人工湿地，包括库塘、水产养殖场等，这些人工湿地在东营市的湿地生态系统中也占有重要地位。

东营的湿地是东亚—澳大利西亚候鸟迁徙路线上的重要中转站。东营市通过退耕还湿、生态补水及植物恢复，形成了“自然恢复 + 人工干预”的黄河口湿地修复模式，并加强鸟类等关键物种栖息地的保护。2018 年，东营市凭借其丰富的湿地资源、高湿地率和重要的生态功能，入选“国际湿地城市”，成为全球滨海湿地保护的典范。

东营湿地

常熟尚湖风景区

④ 常熟

常熟市位于长三角核心地带，是国家历史文化名城。常熟市不断深化生态保护与修复，形成了以长江为主的200平方千米沿江生态经济圈。常熟市河网密布、湖荡众多，湿地类型多样。湿地类型包括湖泊湿地、河流湿地和人工湿地。沙家浜国家湿地公园和尚湖国家湿地公园是常熟市最亮眼的湿地保护区域。南湖省级湿地公园也是常熟市的重要湿地保护区域。

常熟市构建了城市湿地保护网络和生态红线，采用“重视监测、科学规划、积极创新、合作交流”的方针，高位推进、稳步推动湿地生态系统保护。常熟市坚持人与自然和谐共处的理念，把生态建设作为可持续发展的首要任务，努力创建湿地保护与城市发展共荣的模式。2018年，常熟入选“国际湿地城市”，其“城水共生”模式为全球中小城市湿地保护提供了范例。

常德河流湿地（喻晓琳 / 摄）

⑤ 常德

常德市位于湖南省西北部，气候温湿，四季分明，地势西北高，东南低。常德市是一座拥有 2000 多年历史的文化名城，是环洞庭湖生态经济圈城市之一。境内河网密布，水系纵横，拥有湿地总面积约 19.01 万公顷，是长江湿地保护网络的重要组成部分。常德市拥有以沅江、澧水为干流的 432 条河流，湿地面积广阔。湿地类型包括湖泊湿地、河流湿地、沼泽湿地和人工湿地等。拥有湖南壶瓶山国家级自然保护区、乌云界国家级自然保护区、湖南西洞庭湖国家级自然保护区等 3 个国家级自然保护区，以及津市毛里湖、桃源沅水、安乡书院洲、澧县涔槐、鼎城区鸟儿洲、石门仙阳湖、汉寿息风湖和临澧道水河等 8 个国家湿地公园。

常德市坚持保护优先、绿色发展的理念，用生态的办法修复生态，形成了全域覆盖的湿地保护管理体系。通过海绵城市建设，统筹推进河湖连通活水、绿化截污净水、道路小区蓄水、防涝减灾排水和水文化水旅游亲水五大工程建设，进一步提升了湿地生态系统的保护和管理水平。2018 年，常德入选“国际湿地城市”，成为长江中游湿地保护的典范 。

⑥ 海口

海口市地处热带北缘，属于热带海洋性气候，四季如春，年平均气温24.4℃，年降水量1664毫米。海口市拥有滨海湿地、河流湿地、湖泊湿地和人工湿地等多种类型的湿地，总面积达32202.38公顷，湿地率达13.32%。滨海湿地，包括海岸带和近海湿地，如海南东寨港国家级红树林自然保护区；河流湿地，如迈雅河、道孟河和芙蓉河等；湖泊湿地，包括一些自然湖泊和人工湖泊；人工湿地，如库塘、水田等。

海口市近年来不断加强湿地保护，推行多种“湿地＋旅游”“湿地＋碳汇”等保护修复模式，显著提升了自身的生态效益、经济效益和社会效益。海口市以其丰富的生态系统、多样的湿地资源，成为一个生态保护和生态文明建设的重要典范。2018年，海口入选“国际湿地城市”，尤其在红树林修复工作上成绩斐然。

海口湿地碧海蓝天（苏涛／摄）

一群丹顶鹤漫步在水边

总之，“国际湿地城市”认证计划是湿地保护的重要手段，通过严格的认证标准和程序，推动全球城市在湿地保护方面取得显著成效，促进人与自然的和谐共生。该认证计划旨在鼓励靠近和依赖湿地的城市，特别是具有国际重要性的湿地，突出和强化与这些有价值生态系统的积极关系。

中国共产党十九大报告将“坚持人与自然和谐共生”纳入新时代基本方略。各地通过提升公众对湿地的生态保护意识，提升大家对湿地保护的参与度，进一步加强对湿地的保护和利用，为人民带来可持续的社会经济效益。

第二章

冰城夏都，避暑胜地
——哈尔滨

2

哈尔滨市是黑龙江省的省会城市，位于松花江中游，坐落在松花江两岸，水资源丰富。哈尔滨是一个历史悠久，且充满活力的“中国冰雪之都”。因地处我国东北，属于中温带大陆性季风气候，四季分明，冬季城市覆盖着厚厚的积雪，形成了独特景观。同时，哈尔滨是第一条欧亚大陆桥和空中走廊的重要交通枢纽、哈大齐工业走廊的起点，更是一座具有浓厚历史底蕴和独特地域风情的城市。

19 世纪末，哈尔滨出现村屯数十个，居民约 3 万人。随着松花江的航运发展，哈尔滨逐渐变成一个贸易集散地。中东铁路的建设（1898—1903 年）不仅推动了哈尔滨的城市化进程，还带来了大量的移民，这使之成为 20 世纪初远东地区重要的商贸和交通枢纽。1954 年，哈尔滨正式成为黑龙江省的省会，发展为东北重要的工业、交通和商业城市。

哈尔滨沿江湿地（孙晓新 / 摄）

一、哈尔滨城市魅力

哈尔滨湿地雪景（孙晓新／摄）

作为冰雪之都，哈尔滨以其独特的冰雪奇观以及悠久的历史文化，吸引着无数游客的目光。哈尔滨位于寒冷的东北地区，冬季漫长而寒冷，这为其成为冰雪文化的发源地提供了得天独厚的条件。哈尔滨国际冰雪节已经成为一场引人入胜的盛宴，吸引着来自世界各地的游客，共享冰雪文化盛会。

冰雪节期间会举办各种比赛和表演，为游客提供了观赏和参与的机会，也使这个节日更加生动活泼，充满了欢乐与活力。除了冰雪节，哈尔滨还有许多其他冰雪活动，如冰灯展、冰上嘉年华等，每年都吸引着大量游客前来体验冰雪的乐趣。这些活动展示了哈尔滨独特的冰雪文化，也促进了当地旅游业的发展。此外，周边的亚布力滑雪旅游度假区是国内外滑雪爱好者的天堂。

游客体验冰雪的乐趣（苏涛／摄）

冰雪大世界里游人畅玩（苏涛／摄）

冰雪运动在哈尔滨得到了充分的展现，从冰上滑行到雪中奔跑，各种冰雪活动吸引着无数游客和运动爱好者。无论是冰上的滑冰、冰球，还是雪地的滑雪、雪圈，游客都能在这里得到满足。此外，冰雕展上成列的各种艺术作品精致逼真，独具特色，尤

欧式风格建筑

其在太阳岛、冰雪大世界等地，游客可以拥有到如梦如幻的冰雪体验。

中央大街是哈尔滨最繁华的商业街，这条街道是哈尔滨的历史名片之一，其建筑风格融合了俄罗斯、法国和德国等多国元素，展现出了多样化的文化魅力。漫步在中央大街上，仿佛穿越到了20世纪的欧洲小镇，沿途的建筑风格各异，色彩斑斓，给人以别样的视觉享受。

在哈尔滨风情街区，游客不仅可以欣赏到精美的建筑，还能购买到独特的纪念品。漫步在欧式建筑之间，尽情感受哈尔滨特有的文化氛围，感受历史的沉淀与现代的融合。

百年风情老街——中央大街（魏德强 / 摄）

哈尔滨文化中心湿地公园（赵芳 / 摄）

索菲亚大教堂（吴永波 / 摄）

索菲亚大教堂是哈尔滨市的地标之一，也是该城市丰富历史的见证者。建于 20 世纪初期的索菲亚大教堂具有独特的建筑风格，这使其成为哈尔滨市内引人注目的景点之一。夜幕降临时，索菲亚大教堂在灯光的照射下显得更具特色。

依托松花江的城中湿地资源，哈尔滨建成包括太阳岛国家湿地公园、呼兰河口湿地省级自然保护区、金河湾湿地公园等在内的 14 个湿地景区。湿地景色各异，生态旅游、主题游船和都市休闲等系列湿地旅游产品，成为哈尔滨市夏季旅游的一块金字招牌。水光潋滟，野鸟翔集，微风拂面，游人陶醉。如今，哈尔滨万顷松花江湿地的影响力不断增强，也直接带

滨江湿地的晚霞（孙晓新 / 摄）

动了景区的游客量上升。

久负盛名的“哈尔滨之夏音乐会”始于 1961 年。在近十年里，音乐会与“哈尔滨湿地节”同步举办，已成为哈尔滨夏季的特色盛事。

哈尔滨市充分利用各处湿地公园，建立湿地保护志愿者协会，凝聚了致力于湿地发展的仁人志士参与到湿地和生物多样性保护工作中来。同时，建

哈尔滨群力音乐广场（魏德强 / 摄）

冰雪大世界冰雕（孙晓新／摄）

太阳岛公园雪雕（赵芳／摄）

成了以市级湿地宣教馆为主体、各湿地保护宣教中心为分支的层级宣教阵地网络，使湿地文化得以生根发芽。

每年的“国际湿地日”“哈尔滨市湿地节”也同步成了哈尔滨大生态文化中的重要组成部分。哈尔滨市积极创新旅游产品，大力发展避暑旅游，湿地旅游成为一个重要的发展方向。

在哈尔滨还能品尝到各种地道的美食，街道两旁各色小吃摊点，有俄式烤肉串、法式甜点和德国香肠等，琳琅满目的美食让人垂涎欲滴，满足了不同游客的口味需求。

帽儿山国家森林公园湿地（苏涛／摄）

哈尔滨的美食融合了东北和俄罗斯的特色，呈现出丰富的地域风味。最具代表性的美食包括外焦里嫩的锅包肉、哈尔滨红肠等。

锅包肉

在这个冰雪之都，历史的厚重与现代的活力交相辉映，勾勒出一幅独特而绚烂的画卷。哈尔滨独特的地理位置和冰雪资源，成为令人向往的旅游胜地。无论是欣赏冰雪奇观，还是沉浸在浓厚的历史氛围中，哈尔滨都能为游客带来难以忘怀的体验。

东北杀猪菜

二、哈尔滨湿地概况

2018 年 10 月，哈尔滨市被正式评定为全球首批“国际湿地城市”。其湿地类型丰富多样，主要包括沼泽湿地、河流湿地和湖泊湿地等类型。这些湿地的形成与松花江冲积平原、季节性冻土及季风气候密切有关。

哈尔滨的湿地是我国中温带内陆湿地典型代表。中温带内陆湿地是指分布在寒冷地区的湿地类型，通常位于温带和寒带地区。这种类型的沼泽地形成于气候寒冷、降水充沛的地区，常见于北美洲、欧洲和亚洲的高纬度地区。

中温带沼泽的特点包括气候寒冷、植被繁茂、湿度高和土壤酸性较大等。在这些沼泽地区，常见的植被包括苔藓、蕨类植物、湿地草本植物等，同时，也是许多野生动物的栖息地，如水鸟、鱼类和兽类等。此外，哈尔滨湿地在调节气候、维持水文平衡等方面也发挥着重要的作用。哈尔滨湿地四

冬天湿地公园的游人（赵芳 / 摄）

季分明，生物多样性也四季鲜明，丰富多样的湿地类型已成为哈尔滨湿地的名片。

哈尔滨的湿地资源非常丰富，湿地面积约 4.05 万公顷。已建成国际重要湿地 1 处、国家级湿地公园 13 处、省级湿地公园 3 处，以及多处省级湿地自然保护区（如依兰安兴湿地自然保护区、呼兰河口湿地省级自然保护区、双城拉林河口湿地自然保护区、五常龙凤湖自然保护区、宾县沿江湿地自然保护区、巴彦沿江自然保护区和方正蚂蚁河三角洲自然保护区等）。目前，哈尔滨形成了以松花江为纽带，南有以哈东沿江湿地和白渔泡为主的湿地景观，北有以太阳岛、阿勒锦岛和呼兰河口湿地沿线为主的湿地生态景观系统，呈现出“项链式”湿地布局，成了名副其实的“一城秀色，半城湿地”的生态宜居城市。

冰的世界

明星湿地

❶ 哈东沿江湿地省级自然保护区

哈东沿江湿地省级自然保护区位于哈尔滨市道外区，北邻松花江主航道，南邻松花江防洪堤，西接四环路，总面积为 10725 公顷。湿地由大片沼泽、内陆三角洲和永久河流组成。保护区主要保护对象为松花江哈尔滨段湿地生态系统、珍稀濒危野生动植物及其栖息环境。保护区于 2020 年 2 月晋升为“国际重要湿地”，成为哈尔滨湿地的地标。这里是东北亚鸟类重要繁殖地和迁徙停歇地，生物多样性极其丰富，是丹顶鹤、东方白鹳和大天鹅等国家级重点保护野生动物的迁徙过境通道，还有大量的鸥类在此停歇繁殖。保护区内的主要湿地植物有大叶章、灰脉薹草、芦苇和荇菜等，还包括国家二级重要保护野生植物野大豆、莲，以及省级重点保护野生植物矮慈姑。保护区是松嫩平原水禽最重要的繁殖地和栖息地之一，有鸟类 234 种，被列为重点保护野生鸟类的有 66 种，其中国家级重点保护野生鸟类 28 种。保护区每年举办多种生态旅游和体育活动，吸引了大量游客。

哈东沿江湿地省级自然保护区（孙晓新 / 摄）

太阳岛国家湿地公园（赵芳 / 摄）

❷ 太阳岛国家湿地公园

太阳岛国家湿地公园位于松花江北岸，总面积超过 1 万公顷，湿地率达 70% 以上。太阳岛湿地以江漫滩湿地、江湾湖沼为地貌特征，低水位时为全岛、半岛，高水位时为群岛。这种地貌特征形成了独特的江漫滩、沼泽地、平缓坡地等地貌类型。公园内以疏林草地、湿地草甸植被为植物景观特色，植物种类丰富，湿地生态系统保存完好。公园内栖息着多种珍稀濒危鸟类，是重要的生物多样性保护区。太阳岛国家湿地公园不仅是一个生态保护区，也是一个热门的旅游景点。公园内提供各种生态旅游和休闲活动，吸引了大量游客前来参观和体验。

群力国家城市湿地公园（孙晓新 / 摄）

③ 群力国家城市湿地公园

群力国家城市湿地公园位于哈尔滨市道里区群力第六大道与丽江路交会处。公园总占地面积为 34.2 公顷。湿地公园是我国首个雨水公园，设计上采用了“生命细胞”的先进理念。公园将城市湿地公园视为一个大细胞，通过乔、灌木相结合种植林带，屏蔽城市中的噪声、车辆和人群对湿地内生命物种栖息的干扰，形成了牢固的“细胞壁”。在原生态湿地外围，防护林带内修建了一系列泡状人工湿地，将原生态湿地视为“细胞核”，人工湿地被视为“细胞泡”。公园内植被丰茂，具有典型的寒温带原生湿地生态景观特征。公园内设有观光塔、空中木栈道和观景平台等设施，适合进行各种户外活动，如搭帐篷、观赏鸟类、看小松鼠等。湿地公园是重点建设的生态型公园，旨在解决城市内涝和水资源短缺问题，通过集成雨水管理、生态保护、景观美化和社会服务等多重功能，成了具有海绵作用的城市湿地。

④ 白渔泡国家湿地公园

白渔泡国家湿地公园位于哈尔滨市道外区巨源镇，北邻松花江。公园呈狭长分布，总面积为160公顷。白渔泡湿地公园的湿地生态系统主要由河流、泡沼湿地和草本沼泽湿地等多种湿地类型共同组成。公园内常年积水，丰水期水深可达3米，水源包括夏季雨水汇集和区域内的自喷式泉眼。公园内有大片原始芦苇湿地，保留了完好的自然地貌。公园内生长着50多种水生植物，如芦苇和香蒲等，栖息着80多种水禽和陆禽，以及20多种野生鱼类。这里空气清新，风光怡人，是众多珍稀鸟类繁衍栖息的乐园。白渔泡湿地公园提供多种户外活动，如乘摇橹船游览、垂钓。游客可以在这里尽享自然风光，体验山野之趣。白渔泡湿地公园是哈尔滨重点建设的生态型公园，旨在保护湿地生态系统，促进生态旅游和科普教育。

白渔泡国家湿地公园（孙晓新／摄）

⑤ 呼兰河口国家湿地公园

呼兰河口国家湿地公园地处哈尔滨市呼兰区，紧邻松花江与呼兰河交汇处，总面积达 38.5 平方千米。湿地公园内以丰富的湿地生态系统和壮丽的水域景观闻名，拥有广阔的水域面积和独特的水草地资源。其中，高等植物种类多达 465 种，为各类野生动物提供了繁衍生息的家园。著名景点包括湿地观鸟平台、水上森林、日出观赏点等，让游客在欣赏大自然鬼斧神工的同时，也能深度参与科普教育和生态保护活动。此外，公园还精心打造了一系列休闲娱乐设施，满足不同年龄层次游客的需求。游人在此可漫步蜿蜒栈道，深入湿地腹地，探寻珍稀鸟类的踪迹；或乘坐观光船穿越如画的水道，饱览浩渺的湖面和绿意盎然的湿地植被。这里无疑是市民与游客远离喧嚣、亲近自然的理想之选。

呼兰河口国家湿地公园（孙晓新 / 摄）

松北国家湿地公园（孙晓新 / 摄）

⑥ 松北国家湿地公园

松北国家湿地公园位于哈尔滨市松北区万宝镇。公园总面积为 127.47 公顷，其中现有湿地总面积为 55.51 公顷，湿地率为 43.55%。公园属于北方寒地人工湿地景观，位于我国东部候鸟迁徙通道上。夏季，公园的生境吸引了苍鹭、野鸭等鸟类在此筑巢孵化。园内进行了大量的人工修复工作，以恢复和保护湿地生态系统。例如，公园内种植了芦苇、香蒲、塔头苔草、水葱、荷花等多种植物，并放养了鲫鱼、鲤鱼、林蛙等物种，恢复湿地生态链，形成了树林草地、湖泊小溪、奇花异草等美景，是市民亲近自然湿地的良好场所。公园内栖息着多种鸟类，如斑嘴鸭等 20 余种。

7 哈尔滨滨江国家湿地公园

哈尔滨滨江国家湿地公园位于哈尔滨市道外区民主乡松花江江段，是离哈尔滨市区最近且原始地貌保持最完整的湿地自然景观。公园内生态资源丰富，呈现多岛、多溪、多湖、多滩的湿地风景。水道蜿蜒平缓，芦苇香蒲幽深，绿草丛林繁盛。滨江湿地公园现有景观20余处，主要包括十里栈道、龙王岛、百米长廊、渔家湾、观鸟台、芦苇荡、荷花池、植被恢复区等。游客可以通过水上和陆地两条路线观赏到具有北方寒温带平原江河流域特点的“原始风光”。公园内设有丰富的旅游设施和活动项目，游客可以在这里进行观鸟、乘坐竹筏、漫步渔家湾等活动。游客还可以在木质栈道、田埂上散步，享受自然的宁静与美丽。滨江国家湿地公园是哈尔滨市众多湿地景区之一，通过有效的生态保护和治理，保持了原始的自然风貌，为市民和游客提供了一个亲近自然、放松身心的好去处。

滨江湿地风景（孙晓新／摄）

太阳岛湿地的大天鹅（赵芳／摄）

三、哈尔滨湿地动物

哈尔滨的湿地内生物多样性丰富，其中珍稀濒危动物有东方白鹳、中华秋沙鸭、鸿雁和大白鹭等。该区域湿地有底栖无脊椎动物 57 种、脊椎动物 470 种，分属 6 纲 39 目，其中包括国家一级重要保护野生动物丹顶鹤、东方白鹳和中华秋沙鸭等，国家二级重要保护野生动物白枕鹤、白琵鹭、白尾鹞、红隼、红脚隼和灰背隼等 20 余种。哈尔滨湿地水天相连，草长莺飞，逐渐成为人们休闲、观光、生态体验的新秘境。

沿着哈尔滨市松北大道，走过一段 20 世纪 60 年代修建的路，一片水草丛生的湿地呈现在眼前。这就是哈尔滨太阳岛国家湿地公园里的局部景色。经过几年来湿地工作人员的精心养护，湿地植物均长势繁茂，吸引了白鹭、鸳鸯、野鸭子和灰鹤等许多野生动物在此栖息繁衍。公园以水鸟、水生动物、两栖生物及其生境共同组成的湿地和水域生态系统为主要保护对象，具有湿地生态系统的完整性、典型性、自然性、稀有性。湿地重要景观——塔头苔草群落，在这里随处可见。这是一块原生态的湿地，是鲜活的湿地教科书。

明星动物

白头鹤

| 鹤形目 | 鹤科 |

白头鹤（*Grus monacha*）属鹤科，国家一级重点保护野生动物。白头鹤为大型涉禽，体形较丹顶鹤小，除头部和颈的上部为白色外，其余各部羽毛均为灰色。眼先至额部为黑色，头顶上裸露的皮肤呈鲜红色，虹膜呈深褐色，喙呈黄绿色，腿和爪均为黑色。雌雄相似，雌鸟较小，头颈也较细。白头鹤主要栖息于河流、湖泊岸边的泥滩、沼泽及湿草地中，也出现于林缘和林中的开阔沼泽地上。白头鹤成对或成家族群活动，性情机警，主要以甲壳类、小鱼、软体动物和昆虫等为食，也吃植物嫩叶、块根、稻谷等植物性食物。雌雄均参与孵卵，但夜间坐巢大多为雌性，孵化期 29—31 天。白头鹤在中国传统文化中被视为祥瑞和长寿的象征，寄托着人们美好的理想与愿望。

白琵鹭

| 鹈形目 | 鹮科 |

白琵鹭（*Platalea leucorodia*）是一种鹮科鸟类，国家二级重点保护野生动物。它们与白鹭在外形上有一定的相似性，但其扁平匙状喙为显著特征。属大型涉禽，体长 80—100 厘米，翼展可达 1.3 米，腿部和喙呈黑色。成年全身羽毛主要为白色，在喙基部或脚部有时会有黄色或黑色斑点。白琵鹭主要栖息于沿海湿地、沼泽地和淡水湖泊附近。它们以鱼类、蛙类、甲壳类和昆虫等为食，常常站在水边、湖泊或河流中捕食。白琵鹭作为一种迁徙鸟类，在春秋季节会在我国东北地区停留和栖息。哈尔滨湿地是白琵鹭迁徙途中一个重要的栖息地和休息场所，成群的白琵鹭会在湿地的浅水区域觅食和栖息，并为长途迁徙积累能量。

苍鹰 ▸

| 鹰形目 | 鹰科 |

苍鹰（*Accipiter gentilis*）是一种中小型猛禽，属鹰科，国家二级重点保护野生动物。体长 50—60 厘米，翼展 100—125 厘米，体重 500—1200 克。羽毛呈灰色至褐色，腹部带有深色横条纹。头部相对较小，嘴部强壮，适合撕裂猎物。尾巴较长且边缘呈圆形，羽毛密集，适合快速飞行。哈尔滨湿地周围的森林区域为苍鹰提供了适宜的栖息和繁殖环境。在冬季和春季，湿地为苍鹰提供了丰富的食物来源，苍鹰可以利用湿地周边的树木和草丛进行伏击，捕捉飞行中的鸟类和小型哺乳动物。

雀鹰

鹰形目 | 鹰科

雀鹰（*Accipiter nisus*）是一种小型猛禽，属鹰科，国家二级重点保护野生动物。体长28—34厘米，翼展50—60厘米，体重100—200克。体色通常呈灰蓝色或灰色，胸部带有横向的条纹。尾羽长且呈矩形，有明显的条纹。眼睛通常较大，呈黄色或橙色，头部相对较小，身体修长。雀鹰的飞行能力非常强，尤其擅长在密林中穿梭，速度极快。雀鹰常在森林、湿地和林缘地带活动，主要以小型鸟类如山雀、麻雀和燕雀等为食。它们是典型的“伏击型”猎手，常利用敏捷的飞行技术和灵活性，在密林中穿梭并突袭目标。迁徙时经哈尔滨湿地南下越冬。

红嘴鸥 ▸

| 鸻形目 | 鸥科 |

红嘴鸥（*Chroicacephalus ridibundus*）俗称“江鸥”，是指栖息在江河、湖泊和沿海湿地附近的一种海鸥，属鸥科，被列入我国“三有”动物名录。体长 35—41 厘米，翼展 86—99 厘米。外形特征比较明显，羽毛呈白色，有时在头部和颈部会有灰色斑纹，眼睛周围有一圈深色羽毛，嘴和腿呈橙黄色，脚部为淡粉红色。在我国的许多江河湖泊区域，尤其是长江和松花江等湿地，红嘴鸥是常见的鸟类。它们常常聚集在水域附近，或者在岸边的浅水区觅食，同时也喜欢停歇在水面上漂浮或站在岩石、树枝上休息。在我国的文化中，红嘴鸥被赋予了纯洁、自由、和平等寓意，成为文学作品和诗词歌赋中的主题之一，代表美好的愿景和情感。每年春季迁至哈尔滨湿地。

黑斑侧褶蛙

| 无尾目 | 蛙科 |

黑斑侧褶蛙（*Pelophylax nigromaculatus*）又名“黑青蛙”，无尾目、蛙科、侧褶蛙属两栖动物，被列入我国“三有”动物名录。黑斑侧褶蛙头长大于头宽。吻部略尖，吻端钝圆，突出于下唇，鼻孔在吻眼中间，鼻间距等于眼睑宽。眼大而突出，眼间距窄，小于鼻间距及上眼睑宽。前肢短，背面皮肤较粗糙，背侧褶明显，褶间有多行长短不一的纵肤棱，后背、肛周及股后下方有圆疣和痣粒。腹面光滑，体背面颜色多样，有淡绿色、黄绿色、深绿色、灰褐色等。黑斑侧褶蛙以昆虫纲、腹足纲、蛛形纲等动物的卵、幼虫、成虫等为食物，捕食蚊幼虫、蝇类等害虫，因此它对维持湿地生态平衡及控制病媒生物具有重要意义。

四、哈尔滨湿地植物

哈尔滨湿地类型多样，有河流湿地、沼泽湿地、湖泊湿地、人工湿地。哈尔滨市湿地植物种类也十分丰富，包括高等植物 123 科 616 种，其中种子植物 63 科 315 属 486 种，占黑龙江省种子植物的 35% 左右，国家二级重点保护植物野生大豆也在其中。人们与湿地相遇，欣赏湿地之美，悦看生命脉动，享受与大自然和谐共生。

丁香花海

明星植物

香蒲

| 露兜树目 | 香蒲科 |

香蒲（*Typha orientalis*）是一种多年生草本植物，广泛分布于温带和热带地区，尤其在湿地沼泽和浅水水域等地生长。香蒲的外形十分独特，通常高度为 1.3—2 米，茎秆直立、纤细，呈绿色，形态较为修长。香蒲的叶片呈剑形，长而狭窄，长 40—70 厘米，宽度为 0.4—0.9 厘米，叶面光滑，边缘平整。香蒲的花序长而狭窄，通常在夏季开放，呈现出棕色或黄色，形似小棒状，常被误认为是“蒲草”。其花序没有花瓣，而是由密集的小花组成。香蒲在一些地方的传统文化中也有特殊的地位。其根茎（也叫“香蒲根”）具有浓郁的香气，长期以来被广泛用于传统草药和香料中。其根基含有挥发性油类化合物，具有清香的气味，有活血化瘀和消肿止痛等药理作用。此外，它还被用来制作香包、香料，或者作为空气清新剂。

李垚 / 摄

乌拉草 ‣ 莎草目 | 莎草科

李垚 / 摄

乌拉草（*Carex meyeriana*），俗称“靰革拉草”，是一种常见的多年生湿地植物，属莎草科、薹草属。因其叶细软温暖，适合填充乌拉（皮靴），故得名乌拉草。根状茎短，形成塔头状结构。秆紧密丛生，高20—50厘米，宽1—1.5毫米，纤细且呈三棱形。基部叶鞘无叶片，呈棕褐色，有光泽，微细裂或为纤维状。小坚果紧包于果囊中，扁三棱形，褐色，长1.5—2毫米，具短柄，顶端圆形；花柱基部不膨大，柱头3个。花果期6—7月。乌拉草与人参、貂皮并称为“东北三宝”。乌拉草是哈尔滨湿地中的典型植物，形成独特的湿地景观。作为湿地植物，它是生态系统中不可或缺的一部分，能有效帮助保持湿地的生态平衡，特别是在防止水土流失和提供水源保护方面具有重要意义。

法桐

| 蔷薇目 | 悬铃木科 |

李垚 / 摄

法桐（*Platanus acerifolia*）又叫“法国梧桐”或“悬铃木”，是悬铃木科、悬铃木属的一种落叶乔木。法桐可以长到 30 米，高大挺拔。树干呈现斑驳的外观，树皮呈片状脱落，形成独特的斑驳纹理。叶子大而宽，掌状裂片，边缘有锯齿。叶片为深绿色，秋冬季节会变为金黄色或橙红色，富有观赏价值。法桐的花小而不显眼，通常在春季开花，果实为球形聚花果，成熟时裂为带绒毛的小坚果。法桐喜阳光充足、湿润、排水良好的土壤，耐寒、耐干旱，生长迅速。法桐原产于欧洲东南部和西亚，后来被引入我国并广泛栽培，尤其在城市绿化中得到广泛应用。由于其适应性强，耐污染，在街道、公园等地方多有栽种，作为典型生态绿地中的行道树或绿化树种。

千屈菜

| 桃金娘目 | 千屈菜科 |

千屈菜（*Lythrum salicaria*）是千屈菜科、千屈菜属的多年生草本植物。根茎粗壮。叶对生或三叶轮生，披针形或宽披针形，无柄。花序簇生，聚伞状，花梗及花序梗甚短，花枝似一大型穗状花序，红紫色或淡紫色，苞片宽披针形或三角状卵形。果实为蒴果，扁圆形。千屈菜以分株、扦插繁殖为主，也可春播，花期 6—9 月，果期 9—10 月。千屈菜喜强光，耐寒耐水湿，对土壤要求不高，我国南北各地的湖滩、沼泽、湿地草丛或天然水沟旁均有野生。千屈菜株形紧凑，花序整齐，花色艳丽醒目，花期长，是一种优良的观花植物，可成片布置于河岸边的浅水处，或作地被植物和花境材料。

作为湿地生态系统的关键物种，千屈菜在维持生物多样性方面具有重要作用。其耐盐碱、抗逆性强的特性，也被用于退化湿地的生态修复研究。

李垚 / 摄

第三章

塞上江南，凤凰之城
——银川

3

银川市，简称“银”，位于黄河上游，宁夏平原的中部，是宁夏回族自治区首府。银川市古称“兴庆府”，别称“凤凰城”，是我国西北地区重要的中心城市。银川市东临黄河，西靠贺兰山，形成天然绿洲。它位于内蒙古高原和黄土高原的交界处，山脉环绕。银川是西北地区重要的交通枢纽，连接甘肃、陕西等多个省份，也是中蒙俄、新亚欧大陆桥经济走廊，西部开放的重要窗口城市。其地形主要是山地和平原，属于温带大陆性气候，区域具有干燥的特点。

在我国古代，银川处于丝绸之路的西段，是古代河西走廊的门户之一。

银川典农河

西夏定都义庆府（今银川），现存西夏王陵、承天寺塔等遗址，是研究西夏文化的重要遗存。改革开放以后，银川在城市建设、农牧业、能源产业等方面取得了长足的发展，成为我国西北地区重要的交通、商业和文化中心城市。

一、银川城市魅力

宁夏回族自治区是一个充满神秘色彩的地方，银川位于古丝绸之路北线（灵州道），是连接中原与西域的重要节点。银川拥有悠久的历史、独特的自然风光和丰富的文化遗产，湖泊棋布，波光荡漾，沟渠纵横，稻香四溢，鱼跃鸟鸣，秀美的湖光景色融于粗犷的北国风光。

《水经注》记载，自黄河进入宁夏银川平原后，因流速放缓，河中泥沙不断沉积，形成了丰富的冲积平原。银川市内湖泊多为古代黄河故道残留或人工疏浚形成，如阅海湖、鸣翠湖等湿地景观。

银川城市湿地风光

银川市有“七十二连湖”之称。秦、汉以来，该地区兴修了唐徕渠等水利工程，富庶的引黄灌溉区孕育了银川独有的自然环境。而明、清时期，“月湖夕照”“汉渠春涨”“连湖渔歌”和“南塘雨霁”等湖泊景观成为当时西北盛景，更是有着“塞上江南”的美誉。

这座坐落在黄河之滨的城市，如同一颗明珠，在广袤的荒漠中闪烁着光芒。微风拂过，沙粒仿佛被赋予了生命，随风飞舞，形成一幅幅动人的画面。站在沙丘之巅，眺望四周，你会被波涛汹涌的沙海所震撼，感受到沙漠的神秘与壮美，品味着“大漠孤烟直，长河落日圆”的诗意画卷。在这里，沙漠不再是遥不可及的荒凉，而是大地的宝藏，闪耀着太阳的光芒。

西夏王陵是我国现存规模最大、地面遗址最完整的帝王陵园之一，也是目前国家考古遗址公园的主要组成部分。陵园位于银川市西约 30 千米的贺兰山脚下，是西夏王朝的皇帝和王族的陵墓群。这里有众多保存完好的古代墓葬，是了解西夏历史、文化的重要地方。西夏王陵的墓碑、雕刻、石像等都具有独特的历史价值和艺术价值。如今，西夏王陵不仅是历史的见证，也

西夏王陵遗址

是旅游文化创意产业的重要载体。

贺兰山横跨宁夏与内蒙古，是我国西北的一个重要山脉，也是天然的自然保护区。贺兰山岩画是世界著名的古代岩画之一，岩画的内容涉及人类早期的狩猎、祭祀、战争等活动，体现了古代人类的文化、信仰和生活方式。这里的岩画大约有 5000 年的历史，是研究我国古代文化和艺术的重要遗址。这里还建有世界上最大的岩画专题博物馆。

宁夏博物馆是了解宁夏历史、民族文化以及自然资源的好地方。馆内展品丰富，尤其是西夏时期的文物非常珍贵。博物馆的建筑也颇具特色，是银川市的重要文化地标。

水洞沟古人类文化遗址位于灵武市临河镇水洞沟村，是我国最早发现旧石器时代的古人类文化遗址之一，被誉为“中国史前考古的发祥地”。

沙湖是银川最具代表性的自然景点之一。这里的湖泊与沙漠融为一体，景色独特。游客可以在湖区游船，在沙漠中骑骆驼、滑沙等，感受自然的神奇魅力。沙湖也是鸟类的天堂，是鸟类爱好者的理想去处。

水洞沟景区

银川作为黄河流域上游的重要文明节点，其历史与文化紧密相连。在银川地区，它多表现为“塞上江南”的特色，是农耕文化与草原文化的结合体。

古老的黄河野马般地奔腾着穿山越谷，经黑山峡一个急转弯流入宁夏的中卫境内。这一个急转弯，平静缓流，滋润两岸沃土，也造就了一个神奇的自然景观——沙坡头。

银川的绿洲，在贫瘠的土地上绽放出绚丽的色彩，为这片荒漠注入了勃勃生机。绿洲的草地仿佛是一层柔软的绿色绒毯，为这片荒漠的粗糙增添了几分柔情。银川西倚贺兰山，东临黄河湿地，湖泊与绿洲交织，为城市带来了无尽的活力。在郁郁葱葱的公园里，孩子们嬉笑玩耍，老人们悠闲地漫步，可以感受到生活的美好与宁静，深切体会到“绿水青山就是金山银山”的内涵。

银川黄河平原风光

枸杞

手抓羊肉

在银川的街头巷尾，可以看到各种各样的古老建筑，每一座建筑都有着自己的故事。在博物馆里，可以深入了解银川的历史、文化和民俗，感受到这座城市的文化魅力。每年举办的文化节、艺术展览和音乐会吸引着众多游客前来观赏。在这里，能够感受到银川的历史底蕴和文化气息，也能够体验到“读万卷书，行万里路”的乐趣。

银川的手抓羊肉是非常受欢迎的一道传统美食，选用新鲜的滩羊烹制，肉质鲜嫩，味道十分独特。羊肉串是银川街头常见的小吃，经过精心腌制，再用炭火烤制。无论是在街头摊位还是夜市上，都能看到羊肉串的身影。

宁夏的枸杞也非常有名气，是当地的地理标志产品，更是银川美食的重要组成部分。枸杞可以用于制作各种甜品、汤品和饮品，具有滋补和养生的效果。枸杞茶是最常见的一种饮品，既清香又养生。

银川是自然与人文的完美融合之地，沙漠、绿洲、人文和美食是这座城市的魅力所在。这里的景观让人流连忘返，为游客带来心灵的宁静与满足。

二、银川湿地概况

自2002年以来，银川市区空气湿度由原先的30%提升至现今的50%，证明了湿地恢复对改善局地气候的积极影响。此外，银川市湖泊湿地生态系统每年为城市提供很高的生态服务价值。其中，物种生产价值占据主导地位，随后依次为调节气候价值、生物多样性价值、休闲娱乐价值、教学科研价值、涵养水源和蓄洪防旱价值、栖息地价值以及净化水质和美化环境价值。通过合理利用湿地资源，积极发展湖泊湿地生态旅游、水生植物种植、水产品养殖等湿地相关产业，银川市已逐渐形成以湿地资源利用为特色的绿色生

银川黄河楼景观

银川湿地

态型产业体系，并以其作为推动城市经济增长的重要力量。

银川市荣获全球首批“国际湿地城市”称号，展现其在环境保护和可持续发展方面的卓越成就。湿地是银川市整个生态系统的关键组成部分，是“塞上湖城”风貌的基本支撑，也是城市人居环境建设的优势所在。

银川市区湿地（包含河流水域）面积 5.31 万公顷，包括湖泊湿地、河流湿地、沼泽湿地等天然湿地和库塘人工湿地 4 种类型，其中湖泊湿地 0.97 万公顷、河流湿地 2.17 万公顷、沼泽湿地 0.43 万公顷，库塘人工湿地 1.74 万公顷。全市有自然湖泊、沼泽湿地近 200 个。目前，银川拥有 6 处国家湿地公园、1 处国家重要湿地、6 处省级湿地公园，市区湿地率 10.65%，湿地保护率 85%。

明星湿地

❶ 阅海国家湿地公园

阅海国家湿地公园位于银川市金凤区，总面积近 1509.4 公顷，湿地内生态系统完整。公园由苇湖、沼泽、草甸和星罗棋布的农田湿地组成，是我国西部干旱带重要的湖泊湿地类型。湿地的水资源丰富，水质以淡水为主，是银川市最大的“涵养水库”。

公园内有 113 种鸟类，其中包括国家一级重点保护野生动物黑鹳、中华秋沙鸭等，国家二级重点保护野生动物大天鹅、小天鹅等。这里是东亚—澳大利西亚和中亚—印度鸟类迁徙路线重叠区，每年数十万只候鸟在此迁徙繁衍。公园体验项目包括艾依河阅海景观游、阅海环湖游、阅海休闲游、垂钓、观鸟、生态观光游和野禽观赏园等。每年举办中国花卉博览园活动，园内玫瑰、牡丹、郁金香、向日葵和菊花依次盛开，为市民提供娱乐休闲的好去处。公园在银川享有“银川之肾”“城市绿肺”和“天然氧吧”等美誉。

阅海国家湿地公园

鸣翠湖国家湿地公园

② 鸣翠湖国家湿地公园

鸣翠湖国家湿地公园位于银川市东侧、兴庆区掌政镇。鸣翠湖国家湿地公园是继苏州溱湖、杭州西溪国家湿地公园后，被国家林业和草原局命名的第三家国家湿地公园。园内有维管植物 109 种、水生浮游植物 69 种，包括垂柳、沙枣、紫穗槐、香蒲、芦苇和荷花等。通过退耕还湖、封育治理、禁牧禁猎等措施，公园保存了其原有的自然风貌，为鸟类和水生动植物创造了良好的生态环境。公园是众多鸟类的栖息地，共有野生鸟类 97 种，其中包括国家一级重点保护野生鸟类大鸨、中华秋沙鸭、黑鹳和白尾海雕。景区集黄土高原、黄河、湖泊、芦苇和湿地等景观于一体，非常适合生态旅游和度假。

鸣翠湖是银川市最重要的湿地生态区域，是历史上银川“七十二连湖”的组成部分。湖分南北两湖，生态体系完整，湖区及周边河流、湖泊、沼泽、灌渠、水稻田连片，水量充足，土壤肥沃。

鸣翠湖的水资源属黄河水系，湖泊面积占湖区面积的 80%，灌排水系发达，西有汉朝开挖的汉延渠，东有清朝开挖的惠农渠，水源稳定性好，水量充沛。

鸣翠湖周边沼泽广布芦苇、蒲草和香蒲等植物，引来大量水禽栖息。鸣翠湖一年四季皆风景，“远望水鹭双飞起，近看风荷一向翻”，现已发展成为集文化性、趣味性和浓郁生态特色于一体的旅游景区。

❸ 黄沙古渡国家湿地公园

黄沙古渡国家湿地公园位于银川市兴庆区月牙湖乡境内，紧邻黄河东岸。公园是国家级生态休闲旅游景区，主要由功能服务区、治沙推广实验区、生态文明展览区、黄河湿地保护区、沙漠欢乐谷区、黄河古渡文化区、边塞

黄沙古渡国家湿地公园

风情区和民俗文化园等区域构成，集合了大漠、河流和沼泽等自然景观，形成了一个独特的生态系统。明朝时，这里因其北部的黄沙嘴地区而被称为“黄沙古渡”。汉昭君出塞、清康熙大帝微服私访和亲征噶尔丹皆由此渡河，因此又被誉为“天下第一渡”。此外，公园还是黄河上游和毛乌素沙漠边缘的生态宝库，拥有丰富的野生动植物资源。公园是东亚—澳大利西亚鸟类迁徙路线的重要途径停留地和繁衍地。每年的候鸟迁徙季节，成群的灰鹤飞过黄河湿地时，壮观的景象真是令人震撼。

宝湖国家城市湿地公园

④ 宝湖国家城市湿地公园

宝湖国家城市湿地公园位于银川市金凤区，是银川城内规模较大的自然水面，属于典型的城市湖泊。公园总面积达到 92.6 公顷，其中湖泊面积为 36.8 公顷，绿地面积为 36.5 公顷，为 120 余种鸟类提供栖息地，包括红隼、白琵鹭等珍稀物种，被誉为“银川之肺”。宝湖国家城市湿地公园内的湖水清澈明亮，芦苇摇曳生姿，两岸绿树成荫，为周边建设生态型住宅提供了良好的环境，凸显了“城中有湖，湖中有城”的塞上美景。此外，公园是西北地区首批国家级城市湿地公园。公园内主要建筑有百米长桥、海螺广场等多处集休闲、娱乐、运动和旅游为一体的特色景观建筑。公园的园林景观与水体和谐统一，成了市民休闲的好去处。

⑤ 鹤泉湖国家湿地公园

鹤泉湖国家湿地公园位于永宁县城区东北处的杨和镇境内。公园分为东、西两个区域，东区为鹤泉湖，西区为珍珠湖，规划总面积达到 223.06 公顷，其中湿地面积为 180.9 公顷，湿地率高达 81.1%。经过多年的建设与保护，鹤泉湖湿地水域碧波荡漾，芦苇茂密，鸟类成群。此外，湖内还盛产草鱼、鲤鱼、白鲢、大鲫鱼，形成了一个集生态休闲游憩、水上乐园、精品垂钓、鹤泉湖生态湿地景观于一体的生态旅游区。

⑥ 黄河外滩国家湿地公园

黄河外滩国家湿地公园位于银川市兴庆区，总规划面积为 1190 公顷，以其 88% 的湿地率、60% 的水域占比而著称，是国家级重要湿地和旅游景区。该湿地公园以保护黄河湿地生态系统为核心，属于典型的大陆性气候。公园内记录到多种水鸟，包括国家一级重点保护野生动物，如遗鸥、黑鹳和卷羽鹈鹕，以及国家二级重点保护野生动物 8 种。湿地公园的冬日虽寂静，却不乏松鼠穿梭于枯草之间，喜鹊在树林中飞翔，白鹭则在河岸边觅食。这里的

黄河外滩

景观由广阔的黄河、连绵的稻田和渔家小屋构成，形成了独具特色的湿地生态系统。公园不仅有雄浑秀丽的自然景观，还拥有深厚的历史人文景观，成为集科普教育、休闲运动、野趣体验于一体的生态绿肺型湿地公园。

三、银川湿地动物

银川湿地是宁夏的生物多样性宝库，其生态价值在于拥有大量野生动植物种类，湿地面积的扩大和栖息地的恢复，改善了城市的环境质量，形成湿地生态屏障和“不是江南，胜似江南”的湿地景观。

阅海国家湿地公园的春季是鸟类迁徙季节，数十万只鸟类在此栖息繁殖，蔚然壮观。乘坐观鸟竹排，可观湖区芦苇曳缠绵絮，领略大美湿地风光。同时，观赏红嘴鸥迁徙、燕鸥飞翔、苍鹭育雏、白琵鹭优雅漫步浅滩，以及凤头䴙䴘闲散地游弋水中，斑嘴鸭带着幼崽学习捕食等。鸣翠湖国家湿地公园中有97种鸟类，黄沙古渡国家湿地公园内有60多种鸟类。银川湿地是我国西部及东亚—澳大利西亚鸟类重要的迁徙路线和栖息繁殖地，记录鸟类达242种，成为鸟类栖息的“生态驿站”。银川湿地无处不趣味，处处皆风景。

鹗（杨川／摄）

明星动物

黑鹳

鹳形目 | 鹳科

黑鹳（*Ciconia nigra*）是一种大型涉禽，属鹳科，国家一级重点保护野生动物。黑鹳身体呈黑色，嘴和脚呈红色，颈部有一块白色的斑块。雌、雄黑鹳在外貌上没有明显区别，成年黑鹳的体长95—110厘米，翼展165—195厘米，体重2.3—4.5千克。黑鹳通常栖息在湿地环境中，如沼泽地、湖泊、河流和稻田等。黑鹳是肉食性鸟类，主要以鱼类、蛙类、甲壳类动物和昆虫为食。常常在水边或浅水中觅食，利用长而强壮的喙捕捉猎物。黑鹳是候鸟，在冬季向南迁徙，到达更温暖的地区过冬。繁殖季节，它们会选择在树上或悬崖上筑巢，并产下4—5枚褐色的蛋。雌雄鸟轮流孵化蛋，孵化期33—38天。幼鸟出生后需要70—80天的时间才能离巢独立生活。

遗鸥▸ | 鸻形目 | 鸥科 |

遗鸥（*Ichthyaetus relictus*）意为“遗落之鸥”，又叫“长嘴鸥”，中型海鸥，国家一级重点保护野生动物。遗鸥体长 39—50 厘米，呈流线型，翼展 120—135 厘米，体重在 500—600 克。遗鸥嘴粗壮，暗红色。虹膜棕褐色，眼上、下各有一半月形白斑，形成白而宽的眼圈。夏羽头部深棕色至黑色；冬羽头部变为白色，只是在耳区有一个暗色的斑，在头顶至后颈也有较暗的颜色。遗鸥是典型的迁徙鸟类，在迁徙过程中，银川湿地往往成为它们的重要停歇和补充能量的地方。遗鸥是目前为止被科学界认知时间最晚的一种鸥类，主要栖息在淡水和沿海湿地。银川湿地的丰富水生植物为其提供了适宜的隐蔽场所和繁殖条件，同时湖泊中丰富的鱼类资源为它们的幼鸟提供了充足的食物来源。

金雕

| 鹰形目 | 鹰科 |

金雕（*Aquila chrysaetos*）是一种体形庞大的猛禽，国家一级重点保护野生动物，因其雄伟的外形和强大的捕猎能力而闻名。成年金雕体长 70—90 厘米，雌性通常比雄性稍大。翼展通常为 1.8—2.3 米，非常宽广。金雕的体重 3—7 千克。雌性较雄性重，羽毛呈深褐色，背部和翼部较暗，头部和颈部常常带有金色或浅棕色的羽毛，尤其在脖部附近，这是它的显著外貌特征，因而它得名“金雕”。喙强大，钩状，喙下弯非常明显，爪子非常锋利且强壮，这使得它能够轻松捕捉并撕裂猎物。金雕具有强大的滑翔能力，能够在空中长时间悬停，并以极高的速度俯冲捕猎。其翅膀宽大而强壮，有独特的羽毛条纹，能够支持它在高空中进行长时间飞行。一般独居或成对活动，成年金雕具有强烈的领域性。金雕是长途迁徙鸟类，通常在冬季向南迁徙，春秋季节会经过银川湿地及周边地区，这些地方成为其中途停歇点或食物补给区。

白尾海雕

| 鹰形目 | 鹰科 |

白尾海雕（*Haliaeetus albicilla*）是一种大型猛禽，属鹰科，国家一级重点保护野生动物，被 IUCN 列为“濒危物种”。白尾海雕的翼展 2—2.5 米，体重 4—6 千克。头部和尾部为白色，身体大部分为深褐色或黑色，嘴和爪子均为黄色，翅膀上具有鲜明的白色斑块。这种色彩搭配使得白尾海雕在飞行时十分显眼，很容易被识别。白尾海雕是优秀的飞行者，它们可以在空中飞行数小时而不休息。在捕食时，它们会盘旋在空中，然后突然俯冲抓取猎物。白尾海雕通常栖息在淡水湿地、湖泊、河流等地，尤其喜爱栖息在水草丰茂且人类活动较少的环境中。银川湿地的丰富水资源和良好的生态环境，使其成为白尾海雕等水鸟的重要栖息地。

大鸨

| 鸨形目 | 鸨科 |

大鸨（*Otis tarda*）属鸨科大型陆生鸟类，也被称为“欧洲大鸨”，国家一级重点保护野生动物。大鸨体形相当庞大，雄性的身长可达 1.2 米，翼展可达 2.6 米，体重 5.8—18 千克，也是欧洲最重的飞禽之一。雌性相对较小，体重一般为 3.3—5.3 千克。大鸨的嘴长而笔直，脚强壮有力，适合在平原地带奔跑和觅食。大鸨主要以植物、昆虫和小型脊椎动物为食，包括草本植物、小型哺乳动物和爬行动物等。它们生活在开阔的草原、草甸和农田地带，以及沼泽和湿地附近的草地。在繁殖季节，大鸨会形成雌雄繁殖对，并在地面上筑巢。雌鸟会产 2—3 枚卵，孵化期 4—5 周。雏鸟在孵化后需要长时间依靠父母的照料和保护，直至能够自行觅食和独立生活。

卷羽鹈鹕

| 鹈形目 | 鹈鹕科 |

陈严雪 / 摄

卷羽鹈鹕（*Pelecanus crispus*）是一种大型水鸟，国家一级重点保护野生动物。体长 160—180 厘米，体重 11—15 千克。体羽主要为灰白色，翼下白色，仅飞羽羽尖呈现黑色。头部羽毛不似白鹈鹕般前伸，而是形成月牙状。头部较大，喙长且宽，下部有一个巨大的皮囊，具备捕鱼的特点。眼周裸露皮肤粉红色，上喙灰色，下喙粉红色。成鸟羽毛一般为白色或淡灰色，喙和脚部呈黄色或橙色，面部和脖部可能会呈现较深的颜色。主要栖息于湖泊、河流、水库、河口等水域，以鱼类为食，也吃两栖类、甲壳类和软体动物。卷羽鹈鹕善于游泳和飞行，也善于在陆地上行走。觅食时，它们会从高空直扎入水中捕食。卷羽鹈鹕具有迁徙性，每年的 3 月末至 4 月初迁到北方繁殖地，10 月至 11 月迁到越冬地。它们需要广阔的水域作为觅食场所，同时依赖水边的沙洲、浮岛等地作为筑巢地点。银川湿地为其提供栖息和繁殖场所，对维持生态平衡和生物多样性起到了积极作用。

黄嘴白鹭

| 鹈形目 | 鹭科 |

黄嘴白鹭（*Egretta eulophotes*）是一种中型涉禽，属鹭科，国家一级重点保护野生动物，被 IUCN 列为“濒危物种”。黄嘴白鹭体长 46—65 厘米，体重 320—650 克。黄嘴白鹭身体较为纤瘦，颈脚都较长，成年羽毛呈纯白色，背部和翅膀上羽毛较为松散，外形优雅。最显著的特征是其喙呈鲜黄色且长直，适合捕捉鱼类，这也是它名字的由来。它主要栖息于河流周边和滩涂地带，需要依赖湿地提供的丰富多样且稳定的生态环境。它以小鱼、虾蟹和水生昆虫为食，常在沿海滩涂、河口、盐田等浅水区觅食，是一种对环境和水质要求非常苛刻的鸟类。黄嘴白鹭属部分迁徙鸟类，因其美丽羽毛而备受关注，是鸟类爱好者和生态保护者关注的物种。银川湿地的隐蔽性和丰富的食物来源，使其成为黄嘴白鹭一个理想的繁殖和栖息地。

四、银川湿地植物

银川湿地有维管植物 66 科 159 属 255 种，包括蕨类植物门、裸子植物门、被子植物门等。另外，湿地内还有硅藻门、绿藻门、蓝藻门、金藻门、裸藻门等浮游植物 8 门 69 属，包括 2 种国家一级重点保护野生植物、6 种国家二级重点保护野生植物。鸣翠湖国家湿地公园中有维管植物 109 种，黄河外滩国家湿地公园内生存着 102 属 129 种维管植物，浅滩中生长着芦苇和蒲草等 30 多种野生植物。

荞麦花

明星植物

水松

| 松杉目 | 杉科 |

水松（*Glyptostrobus pensilis*）是一种高大落叶乔木，属杉科、水松属，国家一级重点保护野生植物，被 IUCN 列为“极危物种”。树干直立，树皮灰褐色，剥落呈鳞片状。其叶呈针状，颜色为绿色，呈二列分布，每至秋冬季节叶片会变黄并脱落。水松生长在湿地中，有非常独特的根系，会长出“气生根”的结构。水松果为球果，成熟后呈木质，常常带有种子。水松木材质地坚硬，耐腐蚀，特别适用于湿润环境中使用。由于其木材优良的抗腐蚀性能，水松木常用于桥梁和制作室外家具、栈道、木桩等。水松因耐湿性和独特的外观而受到喜爱，作为景观树种被广泛栽培。水松适应湿地环境，能够防止水土流失，起到固土和保护水质的作用。它的气生根结构有助于获取氧气，为许多湿地生物提供栖息环境。

疏花水柏枝

| 山茶亚目 | 柽柳科 |

疏花水柏枝（*Myricaria laxiflora*）属柽柳科、水柏枝属，国家二级重点保护野生植物。疏花水柏枝属直立灌木，高可达 1.5 米，枝叶奇特，树形优美，开花时绚丽多姿，花色主要为粉红色或淡紫色，具有较高的观赏价值。疏花水柏枝具有很强的抵抗洪水冲击和忍耐水淹的能力，是一种优良的河岸固沙绿化树种。疏花水柏枝夏秋休眠，冬春繁殖，生长在长江水位涨落带的砾石滩。在每年的长江丰水期，疏花水柏枝在水下休眠；到了枯水期，又开始迅速生长繁殖。疏花水柏枝根系发达，在河滩水位涨落带能起到保土固沙和绿化的作用，主要分布在长江中上游水域，是典型的河岸带珍稀植物，对维持湿地生态平衡有重要作用。

野生稻▸

| 禾本目 | 禾本科 |

野生稻（*Oryza rufipogon*）是禾本科、稻属多年生草本植物，国家二级重点保护野生植物，属濒危物种。株秆高约 1.5 米。叶鞘呈圆筒形，疏松无毛。叶片长可达 40 厘米，宽约 1 厘米。圆锥形花序，直立后下垂。其颖果呈长圆形，易落粒，种子较小，具有黑色或褐色的外观，外壳较为坚硬。喜高温和多湿的环境，喜阳光充足，常生长于海拔 600 米以下的江河流域、平原地区的低湿地。野生稻是水稻品种改良的重要基因资源，被誉为“植物中的大熊猫”。我国是世界上野生稻资源分布较丰富的国家之一。早在 7000—8000 年前，野生稻就开始被人类驯化，并逐渐转变为现代栽培稻。栽培稻的普及是古代农业发展的一个重要里程碑，也为世界各地提供了稳定的粮食来源。作为湿地植物，野生稻在水域生态系统中扮演着重要角色。它有助于水土保持，并为湿地动物提供栖息地。

金荞麦

| 蓼目 | 蓼科 |

金荞麦（*Fagopyrum dibotrys*）是蓼科、荞麦属的多年生宿根草本植物，国家二级重点保护野生植物。株高 0.5—1.5 米，主根粗大，呈结节状，红棕色。茎直立多分枝，具棱槽，淡绿微带红色。单叶互生，具柄，叶片戟状三角形，长宽约相等，顶部叶长大于宽，先端长、渐尖或尾尖状，基部心状戟形，顶端叶狭窄，无柄抱茎。秋季开白色小花，为顶生或腋生、稍有分枝的聚伞花序。瘦果呈卵状三棱形，暗褐色。金荞麦适应性较强，对土壤肥力、温度、湿度的要求较低，耐旱耐寒性强。它常生于路边、沟旁较阴湿地。茎可入药，嫩茎叶可作野菜，种子富含营养，可食用，因其独特的药食两用价值而备受重视。

李垚 / 摄

冰沼草

| 泽泻目 | 冰沼草科 |

冰沼草（*Scheuchzeria palustris*）是泽泻目、冰沼草科、冰沼草属的多年生沼生草本植物，国家二级重点保护野生植物，被 IUCN 列为“易危物种”，具有重要的生态价值。冰沼草的根茎横走，长 15—30 厘米。地上茎短直立，节间短。叶基生或茎生，具开放叶鞘，鞘内生有多数长毛，鞘顶部具叶舌，长 3—5 毫米。基生叶直立紧靠，长 20—30 厘米。茎生叶互生，对折，长 2—13 厘米，叶线形，半圆柱形而中实，上部筒状，先端近轴面有孔。顶生总状花序短，具 3—12 花，花茎高 12—30 厘米，无毛。花两性，花梗长 2—4 毫米，基部具叶状苞片。冰沼草主要生长在沼泽和其他极湿处，适应性较强，耐寒和耐湿，在湿地生态系统中扮演着重要角色。

发菜

| 念珠藻目 | 念珠藻科 |

发菜（*Nostoc flagelliforme*）是一种常见的藻类，属念珠藻目、念珠藻科、念珠藻属，国家一级重点保护野生植物。藻体为毛发状，平直或弯曲，棕色，干后呈棕黑色，与人的头发形态相似，所以得名“发菜”，俗名有“地毛菜”“龙须菜”“头发藻”等。许多藻体绕结成团，最大藻团直径达 0.5 米；单一藻体干燥时宽 0.3—0.51 毫米，吸水后黏滑而带弹性，直径可达 1.2 毫米。发菜富含多糖类物质，有调节血糖和血脂、促进消化等功效。发菜不仅在美食上有着丰富的用途，也被广泛应用于医药和化妆品等领域。在我国，发菜仅分布在西北地区的荒漠草原和荒漠地带，如甘肃、内蒙古和宁夏等地。

第四章

黄河入海，水漫丰色
——东营

4

东营市是山东省下辖地级市，位于山东半岛北部，黄河入海口的三角洲地带，地势沿黄河走向自西南向东北倾斜。东营东临渤海，北靠京津唐经济区，南连山东半岛蓝色经济区，向西辐射广大内陆地区，是环渤海经济区的重要节点和山东半岛城市群的重要组成部分。东营属暖温带大陆性季风气候，冬寒夏热，四季分明。由于靠近黄海，作为水上交通的要道，东营在历史上有着非常重要的渔业和航运传统，古人早已在此繁衍生息。随着石油工业的崛起，东营的经济开始蓬勃发展，石油化工成为当地的支柱产业之一。近些年，东营在化工、机械和农业等方面都取得了长足发展。

东营秋天的红海滩

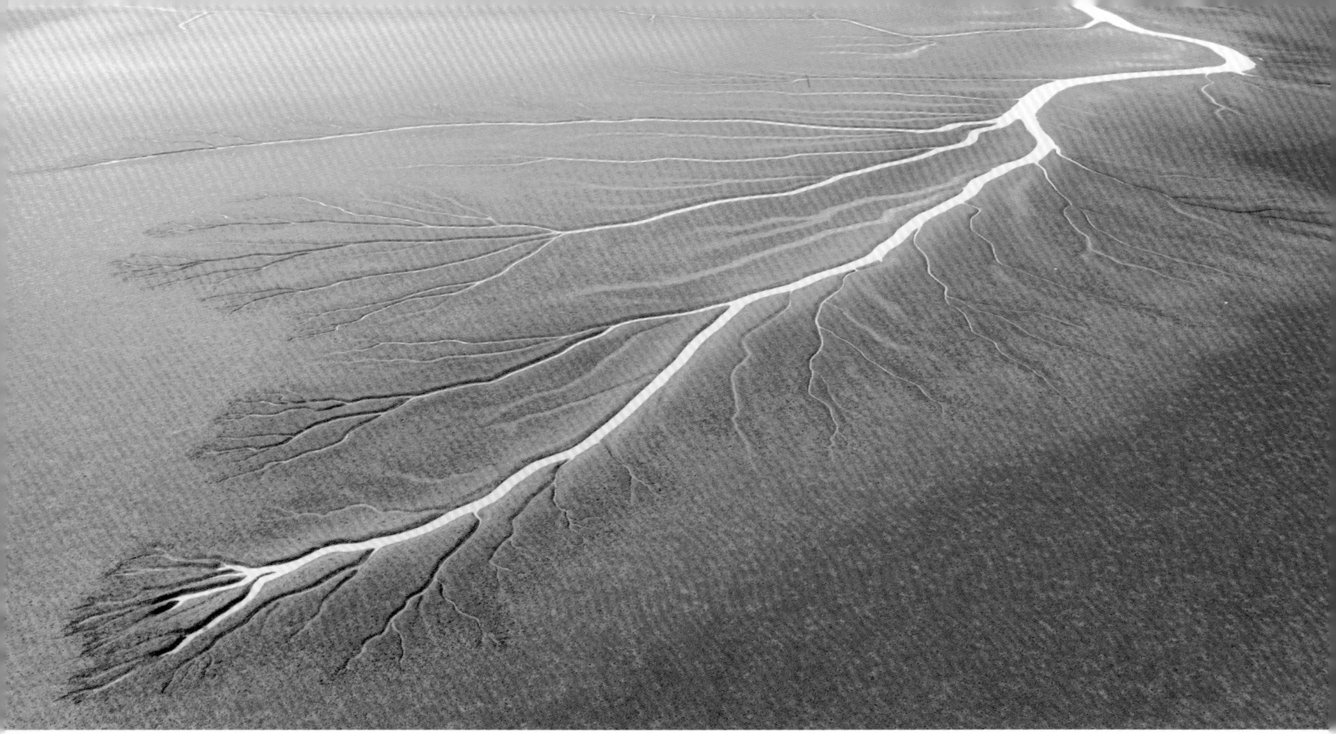
湿地脉络

一、东营城市魅力

东营市，黄河与大海交汇处的一颗璀璨明珠，是中华民族母亲河精心塑造的“国际湿地城市”。湿地是东营最大的生态特色之一，具有原生性、稀有性和国际重要性，在经济社会发展中的地位和作用极其重要。这里自然资源丰富，人文底蕴深厚，承载着中华古老文明的厚重历史，传承着儒家思想的智慧，享有“人间仙境”的美誉。同时，东营市是我国重要的石油化工基地之一。此外，东营还以渔业、农业和海产品加工业等为主要经济支柱。“君不见，黄河之水天上来，奔流到海不复回。”黄河入海口就在东营市，黄河水在这片土地上奔流而过。东营以宽博的君子胸怀、从容的儒雅之风，迎接着万里黄河的洪流，将其带入大海的怀抱。

约 2500 年前,“兵圣”孙武诞生在东营这片土地上。他的著作《孙子兵法》

远处的采油平台

十三篇，成为我国古代第一兵书、世界著名军事著作，被誉为“兵学圣典”。

胜利油田景观

东营地形多样，包括黄河三角洲和沿海滩涂等，由于地势平坦，有利于水流的积聚和湿地的扩展。这些地形不仅为东营湿地的形成提供了有利条件，同时也为东营石油的产生奠定了基础，这也是东营被称为“油城”的原因。黄河入海口是胜利油田的主要产矿区，地下油气资源丰富。

东营雪莲大剧院位于清风湖南侧，是地标性文化建筑。大剧院的设计造型取自高山雪莲，与黄河源头的巴颜喀拉山雪莲花相呼应，表现出对自然与历史文化的延续。

雪莲大剧院

东营文化广场是市中心的一块文化休闲区域，是游客了解东营历史文化的好地方。此外，齐国遗址位于东营西北的临淄，曾是春秋时期齐国的都城。这里的历史遗迹和古文化遗址，见证了东营的辉煌历史。

在东营垦利区胜坨镇，伫立着一座威严的天宁寺。这座宏伟的寺庙始建于明朝，几经兴衰，已经有数百年的历史，见证了岁月的更迭。

东营是吕剧的故乡。吕剧是在山东琴书基础上吸收民间花鼓、小曲、腔等发展演变而成的。在政府的大力扶持和文艺工作者的不懈努力下，东营吕剧作为山东非物质文化遗产，已成为广大群众喜爱的地方戏曲剧种。

东营市垦利区是黄河三角洲的中心部位，受传统文化的影响，很多传统民间手工技艺在这里广为流传，“虎头鞋”制作就是其中之一。穿虎头鞋，起源甚古，在中华大地上有千余年的历史。相传秦汉时期，人们就把虎头图样绣制在小孩的鞋和帽子上，借百兽之王的威猛来震慑恶兽。民间通常在孩子满月、百天、周岁时，给小孩穿上虎头鞋，具有壮胆、辟邪，祝愿孩子长

虎头鞋

命百岁的寓意。

东营市垦利区是革命老区。早在 1941 年，八路军山东纵队三旅进驻当时的垦利区，建立了垦利抗日根据地。

黄河入海口的东营市垦利区黄河口镇濒临渤海，海岸线很长，既有河海交汇处黄蓝分明的神奇景观，也有碧海蓝天的海滨特色。这里有着黄河大桥的壮观景象，有油田小镇的复古氛围，更有无数和海、自然相关的小小秘境。面向荡漾着祖母绿光泽的海浪，拥抱舒爽的海风，瞬间感觉每一簇海浪仿佛都打在了自己的心尖上，整个人的身心都放空了！

东营黄河入海口

东营黄河口生态旅游区

海滨栈道被称为孤东海堤最出彩的打卡点。被风浪吹蚀的陈旧栈道，如铁轨般蔓延到海岸线深处，一眼望不到尽头，使人仿佛能直接漫步向大海中心一般。

由于海水与黄河水密度不同，在黄河与渤海的交界处便会出现“撞色”奇观，如同海上“鸳鸯锅”一般。每每驶到此处，船长也会招呼游客前往甲板拍照留念。

夏天在这里洗个海澡，开启属于东营人自己的享受。凭借丰富的生态多样性，东营也孕育了自身独特的湿地风景。如果来东营，红滩湿地旅游区自然不可错过。

东营孤东海边正是国内可以看到“蓝眼泪”的 9 个海岸之一。蓝眼泪，是由一种称为夜光藻的浮游生物引起的发光现象。因为夜光藻的身体内有荧光酶和荧光素，受海浪拍打等刺激时就会发生反应，发出蓝色的光。

东营荧光海

受黄河流域和海洋文化的影响，东营的美食丰富多样，既有丰富的水产，也有独特的地方小吃。新鲜的皮皮虾、肉厚价廉的鲍鱼和鲜嫩的大石斑鱼，让美食爱好者们实现“海鲜自由”。

广饶肴驴肉是传统名吃，其肉质鲜嫩，味道香醇，是东营地区的特色美食。利津水煎包是传统小吃，其口感酥脆，味道香甜。大虾疙瘩汤、孤岛大盘鸡、龙居丸子和史口烧鸡，是游客在欣赏美景的同时一定不能忘记品尝的东营特产。

二、东营湿地概况

1983 年建市之初，东营就把城市建设定位为“湿地之城，生态之城”。40 多年来，东营市探索性地开展黄河三角洲生态过水试验，有效恢复大汶流、黄河故道等区域湿地，成为全国湿地恢复最有代表性的区域。

东营市湿地公园

东营湿地具有巨大的碳汇潜力——广袤的滩涂、旺盛的黄河三角洲生态系统，努力吸收着大气中的温室气体，并将其锁定在茂密的湿地植被和富含有机质的湿地土壤里。此外，东营拥有大片红树林。与陆地生态系统不同，红树林的潮间带土壤多处于厌氧状态，有机碳分解很少，有利于有机碳在土壤中的积累，进而形成碳汇。红树林土壤可以不断累积有机碳，土壤碳含量会随之持续增长。由此可见，湿地土壤中的有机质主要通过植被的光合作用、微生物的分解作用、湿地土壤的碳储存进行循环。这些共同构成了湿地碳循环的重要环节，对于维持湿地生态系统的稳定和减缓气候变化具有重要作用。

东营的湿地类型

黄河入海口潮汐画

东营的湿地类型有滨海湿地、河流湿地、湖泊湿地、沼泽湿地和人工湿地等。全市湿地面积 4567.00 平方千米，湿地率 41.58%。就湿地的特点来说，东营的湿地生态系统面积大、比重高，既连接着海洋，又与森林交叉分布，是整个生态系统的桥梁和纽带。

明星湿地

① 黄河三角洲国家级自然保护区

黄河三角洲国家级自然保护区地处渤海之滨，黄河入海口两侧的新、老黄河入海口区域，总面积 15.3 万公顷。1992 年 10 月，被批准为国家级自然保护区。2013 年，保护区被《湿地公约》组织列入《国际重要湿地名录》。保护区分为核心区、缓冲区和实验区。保护区是我国暖温带最年轻、最广阔、

黄昏时候鸟迁徙季的黄河三角洲国家级自然保护区

保存最完整、面积最大的河口湿地生态系统，拥有大量的野生动植物。保护区在蓄滞洪水、保护生物多样性、维护生态平衡等方面发挥重要作用。

唐朝诗人王之涣在《登鹳雀楼》中有名句“白日依山尽，黄河入海流”，在黄河三角洲国家级自然保护区便能欣赏到“黄河入海流”的壮观景象。东营是黄河入海的地方，黄河为东营提供了源源不断的水资源。黄河的泥沙含量高，不仅使其沿岸易形成广阔的湿地区域，而且为湿地提供了充足的养分。万里黄河，从青藏高原巴颜喀拉山奔流而下，蜿蜒 5464 千米，卸下一身泥沙，在东营淤积成陆，形成了全世界最年轻的新生陆地。黄河三角洲国家级自然保护区的湿地生态格外丰富多样，包括滩涂、浅水区、河道和盐碱地等。这里为各类候鸟迁徙提供了理想的生存环境，也是它们的越冬地和繁殖地。在迁徙季节，无数候鸟在这里栖息、觅食、繁殖，构成了一幅壮观的自然画卷。

东营充分发挥黄河三角洲湿地的美学特征，在坚持保护的前提下，科学利用“河海交汇、新生湿地、野生鸟类”三大世界级生态旅游资源，让湿地成为更多鸟类与人和谐共处的天堂。

❷ 黄河口国家公园

黄河口国家公园位于黄河入海口处，东营市河口区和垦利区境内，是黄河三角洲地区最年轻、最典型和最完整的湿地生态系统。总面积约 35.18 万公顷，其中陆域面积 13.71 万公顷，海域面积 21.47 万公顷；同时，还划定国家公园核心保护区面积 18.41 万公顷，占总面积的 52.26%。已建设鸟类栖息繁殖岛 36 个、鱼类栖息地 10 处、植物生态岛 29 个。鸟的种类不断增多，由 1992 年建立自然保护区时的 187 种增加到现在的 373 种。黄河三角洲成为东方白鹳全球最大繁殖地、黑嘴鸥全球第二大繁殖地、白鹤全球第二大越冬地和栖息地。

黄河口国家公园湿地

明月湖国家城市湿地公园

❸ 明月湖国家城市湿地公园

明月湖国家城市湿地公园位于东营市东城南端，总面积为70.9公顷。公园有大面积的水域及盐碱滩涂，具有翔实的盐碱地自然生态和耐盐植物分布，能够充分展示黄河三角洲湿地的水陆交接、自然资源和生态景观。公园南部是自然野韵、葱郁茂密的生态林带，以本地乡土树种为主。中间区域是可参与观赏游憩的浅水湿地风貌空间和科普教育基地。划船穿行湖间，水面开阔，水质清澈。良好的湿地植被引来了海鸥、灰鹤、野鸭等多种鸟类。

④ 广利河森林湿地公园

广利河森林湿地公园位于东营市中心城南部，地处东西城之间，是一个集景观湖泊、生态湿地、丛林休闲和森林运动等功能于一体的国家级森林湿地公园。公园规划面积 309.6 公顷，拥有丰富的生态资源，包括景观湖泊、生态湿地、丛林和森林，形成了错落有致的景观。公园划分为“两核、五林”七大主题区，最大特色是身居城市之中，却有世外桃源般的空旷和宁静。公园内设有多个休闲和运动区域，适合游客进行各种户外活动。樱花谷种植了 6800 余株樱花，是重要景观区。园内空气清新，环境优美，是市民和游客休闲娱乐的好去处。

广利河森林湿地公园

5 天宁湖国家湿地公园

天宁湖国家湿地公园位于垦利区西北部，总面积为966.41公顷，其中湿地面积789.69公顷，湿地率81.71%。公园于2015年12月被批复为“国家湿地公园”试点，并于2020年12月通过验收。从轮廓上看，公园像一只飞翔中的仙鹤，紧邻天宁寺，因此有“佛寺云依鹤，祥音绕天宁”的美誉。公园着力建设集蓄洪、生态、旅游、人文、景观于一体的高标准城市湿地，为城乡居民打造休闲游玩的后花园。园内设有湿地保育区、恢复重建区、宣教展示区、管理服务区和合理利用区等五大区块。公园既是一个生态保护区，也是一个集自然美景与人文景观于一体的旅游胜地，适合游客前来休闲游玩和亲近自然。

三、东营湿地动物

东营的气候属暖温带大陆性季风气候，这种气候条件使该地区四季分明，夏季雨水充沛，为湿地注入了源源不断的水源。同时，气候条件也通过影响土壤的性质和结构，间接地影响湿地的形成和生物群落以及植被的分布。因此，东营滩涂广阔，湿地环境典型独特，生态系统复杂多样，是众多野生动物的生长栖息之地，尤其是珍稀濒危水鸟的重要越冬、繁殖、迁徙和停留地。

在这片辽阔的湿地内，集聚了各种鸟类有373种，每年迁徙鸟类达600多万只。东营被誉为“中国东方白鹳之乡”“中国黑嘴鸥之乡”，是东北亚内陆—环西太平洋和东亚—澳大利西亚两大鸟类迁徙路线的重要中转站、越冬地和繁殖地。除此之外，湿地有总计1632种野生动物，有国家一级重点保护野生鸟类丹顶鹤、东方白鹳等，还有国家二级重点保护野生鸟类大天鹅、灰鹤等。每年春秋候鸟迁徙季节，数百万只鸟类在这里捕食、栖息、翱翔，被誉为“鸟类的国际机场”。在黄河入海口附近的海洋生物有600余种，主要盛产黄河口刀鱼、东方对虾、文蛤、虾皮、梭子蟹和鲈鱼等名优海产品，素有“百鱼之乡”和“黄金海岸”的美誉。

明星动物

白枕鹤 ▸ | 鹤形目 | 鹤科 |

白枕鹤（*Grus vipio*）是世界上体形较大的鹤类之一，国家一级重点保护野生动物，被IUCN列为“易危物种”。白枕鹤体长120—150厘米，翼展可达220厘米。它们的羽毛灰白相间，胸和颈前呈灰色。头顶、枕部、颈侧和前颈的上部形成一条暗灰色条纹，颊部和喉部白色。上体为石板灰色，尾羽暗灰色。嘴部黄绿色，脚红色。白枕鹤主要栖息在沼泽、湖泊、河流以及稻田等湿地环境中，主要以植物种子、草根嫩叶、鱼、蝌蚪为食。它们会在浅水区或沼泽地中用长长的喙觅食。每当繁殖季节，白枕鹤通常会产下2枚蛋，孵化期为28—30天。幼鸟出生后，通常会在父母的保护下生活几个月。

东方白鹳

| 鹳形目 | 鹳科 |

东方白鹳（*Ciconia boyciana*）是一种大型珍稀濒危涉禽，国家一级重点保护野生动物。东方白鹳体长 100—128 厘米，翼展可达 2 米，体形较大。东方白鹳全身羽毛主要为白色，翅膀上有显著的黑色羽毛，喙长且呈黑色，腿部为鲜红色，头部较为光滑且没有羽毛。东方白鹳是肉食性动物，主要以小型哺乳动物、鱼类、昆虫等为食。它们是候鸟，通常在秋季从繁殖地迁徙到南方越冬，春季再返回北方。东方白鹳通常栖息在湿地、河流附近以及湖泊周围。黄河三角洲国家级自然保护区为东方白鹳提供了丰富的食物资源和适宜的栖息环境，成为全球最大的东方白鹳繁殖地。经过多年的保护工作，东营湿地的东方白鹳数量显著增加，东营也因此被授予“中国东方白鹳之乡”的称号。

朱鹮

| 鹈形目 | 鹮科 |

朱鹮（*Nipponia nippon*）是一种濒危的鸟类，属鹮科，国家一级重点保护野生动物，被誉为“东方宝石”。它的外观非常独特，羽毛主要是白色的，嘴黑而弯曲，头部有一簇红色的冠羽。朱鹮主要栖息在温带山区、森林和丘陵地带，通常在树上筑巢。它们白天在水边或水田中觅食，主要食物包括无脊椎动物和小型脊椎动物。朱鹮的栖息地面积已由发现时的不足 5 平方千米扩展到 1.6 万平方千米，覆盖了陕西、河南等地。对朱鹮的保护不仅有助于维护生物多样性，还对生态系统的稳定和健康发展起到了重要作用。在东营的滨海湿地，工作人员建立了朱鹮的野化适应笼，模拟黄河三角洲湿地生态环境，包括盐沼、芦苇和灌木等，帮助朱鹮适应新的栖息地。

白鹳

鹳形目 | 鹳科

白鹳（*Ciconia ciconia*）是一种大型鹳类，广泛分布于欧洲、亚洲和非洲地区，国家一级重点保护野生动物。白鹳体长100—115厘米，翼展可达215厘米。羽毛主要为白色，喙和腿呈红色。头部有黑色的眼斑，颈部较长且呈S形。白鹳主要栖息在湿地、河流、湖泊、草原和农田等开阔的地方。它们喜欢在浅水区觅食，以及在悬崖、建筑物或高大树木上筑巢。白鹳是肉食性鸟类，主要以鱼类、两栖动物、昆虫、爬行动物和小型哺乳动物为食。它们会利用长长的喙来捕捉猎物。白鹳是一种单配偶性鸟类，一对白鹳通常会在同一个巢内繁殖多年。每当繁殖季节，白鹳通常会产下2—5枚蛋，孵化期为30—33天。白鹳是一种受到人们喜爱和保护的鸟类。

大天鹅

| 雁形目 | 鸭科 |

大天鹅（*Cygnus cygnus*）具有优雅的外观和迷人的形态，国家二级重点保护野生动物。大天鹅体长 140—165 厘米，翼展可达 240 厘米。它们的羽毛主要为白色，具有细长的脖子。大天鹅上喙基部黄色，喙端黑色，虹膜为暗褐色，腿下部为黑色。大天鹅主要栖息在湖泊、河流、沼泽和海湾等水域，也在草原和农田中觅食。大天鹅是植物食性鸟类，以水生植物、水生藻类和浮游生物为主食。它们用喙在水中滤食，也会在陆地上觅食青草和谷物。巢主要由草、芦苇和其他植物材料构成，通常建在水边的高地上。每当繁殖季节，大天鹅会产下 4—5 枚蛋，孵化期为 35—40 天。幼鸟出生后，它们会迅速学会游泳并跟随父母一起觅食。大天鹅体态优美，行为忠诚，被人们视为优雅、纯洁、高贵、忠诚的象征。

四、东营湿地植物

湿地是东营最重要的生态底色之一。东营拥有广阔海岸线，黄河在这里流入渤海，沿岸滩宽、水浅，地势平坦，河流众多，栖息环境良好，湿地植物资源非常丰富。黄河三角洲国家级自然保护区拥有常见蓼科植物，如萹蓄、互叶水蓼等，这些植物具有良好的适应性。每年早春时节，原生态的黄河口湿地呈现出“天苍苍，野茫茫，风吹草低见牛羊”的景象。暮秋时节，绵延数百里的芦苇荡形成了壮观的“芦花飞雪”图。保护区湿地共有 393 种植物，其中包括 116 种浮游植物、4 种蕨类植物、2 种裸子植物和 271 种被子植物。其中，国家二级重点保护野生植物野大豆分布广、数量多，具有很高的研发价值。东营湿地还有许多其他的湿地植被，如苔藓植物、水生藻类等。其他湖泊和河流还生长着莲和菖蒲等。这些植物共同构成了丰富的湿地生态系统，为各种动物提供了栖息地和食物资源，维护着生物多样性和生态平衡。

金荞麦

明星植物

中国柽柳 ▸

| 侧膜胎座目 | 柽柳科 |

中国柽柳（*Tamarix chinensis* Lour）是一种常见的灌木或小乔木，属柽柳科、柽柳属。柽柳的叶子呈鳞片状，枝条细长，花朵小而繁密，常为粉红色或淡紫色，花期一般在夏季。它的根系发达，能够帮助稳定沙土和减少水土流失。柽柳的用途比较广泛，除了作为绿化植物外，还可用于防风固沙、改善土壤等生态工程。此外，柽柳的木材坚硬，部分种类的树皮、叶子在传统中医药中也有一定的应用价值。它广泛分布于我国河流、湖泊周边和沙漠边缘等环境中。柽柳通常具有很强的抗干旱能力，能够在盐碱土壤中生长，因此也常被用来进行生态修复和沙漠绿化。通过人工培育，柽柳在东营湿地等盐碱地区域得到了推广种植，成为生态修复的重要物种。

李垚 / 摄

黑松

| 松杉目 | 松科 |

黑松（*Pinus thunbergii*）又称“日本黑松”，是松科、松属的一种常见常绿针叶树。树干直立，树冠呈圆锥形或广卵形。树皮呈灰色或灰褐色，随着年龄的增长，会变得粗糙并裂开，形成鳞片状的纹理。针叶通常成束，每束2根，呈绿色，长度6—12厘米。黑松的针叶质地坚硬且较长，给人一种挺拔的感觉。种子在松果中生长，松果多呈卵圆形，成熟时呈暗褐色，种子成熟后会自然散落。种子为扁平状，翼部较长，有助于风力传播。黑松的生长速度较慢，但非常耐干旱、耐风沙且适应力强，可以在贫瘠的土地上生长。它的根系发达且坚韧，不仅能够耐受盐碱土壤，还能有效地抵御海边风沙，因此被广泛应用于海岸防护林和盐碱地的绿化。黑松由于有挺拔的树姿和常绿的特性，常作为风景树和行道树被用于城市绿化、园林景观和道路绿化等方面。

李垚 / 摄

白蜡树

| 捩花目 | 木樨科 |

白蜡树（*Fraxinus chinensis*）是一种落叶乔木，属木樨科、白蜡属。白蜡树高可达 20 米，具有直立的树干和浓密的枝叶。秋季时，叶子会变为金黄色，具有较高的观赏价值。它适应性强，耐寒耐旱，对土壤要求不高，因此被广泛用于绿化、景观美化以及防风固沙等生态工程。白蜡树的木材坚硬，常用于家具和建筑材料制作。白蜡树主要分布在我国的温带和亚热带地区，尤其在黄河流域、长江流域等地较为常见。在东营市的典型生态绿地中，白蜡树也是主要的乔木层物种之一。白蜡树作为东营湿地的生态植被之一，起到生态防护和改善环境的作用。

李垚 / 摄

四翅滨藜

| 中央种子目 | 藜科 |

四翅滨藜（*Atriplex canescens*）是一种耐旱、耐盐的植物，属藜科。四翅滨藜是一种灌木状植物，高度可达 2 米。叶子呈灰绿色，具有细小的鳞片状毛。花小而无明显花瓣，通常集中在茎的末端或叶腋处。四翅滨藜能够在干旱和高盐度的环境中存活并生长。它们进化出了一套适应这种环境的特殊生理机制，如深入土壤寻找水源、减少水分蒸腾和离子调节等。四翅滨藜主要分布在干旱和半干旱地区，能够抵御风蚀和水蚀，防止土壤侵蚀。其根系能够固定沙土，起到保护沙漠生态环境的作用，也为野生动物提供了食物和栖息地。四翅滨藜在东营盐碱湿地中扮演着重要的生态角色，尤其在盐碱地的植物恢复和湿地生态修复中，不仅能帮助改善湿地环境，还为该地区的生态系统增添丰富的生物多样性。

萹蓄

| 蓼目 | 蓼科 |

萹蓄（*Polygonum aviculare*）是一种常见的一年生草本植物，属蓼科、蓼属，是黄河三角洲国家级自然保护区中常见的一类植物。茎细长多分枝，可以匍匐或直立生长，通常高度为 10—40 厘米。叶片具有明显的条纹，叶子呈狭椭圆形或披针形，叶面常常呈现出淡绿色至暗绿色。花小而繁密，呈绿白或淡粉色，通常簇生在叶腋。开花后会结出黑色的瘦果。其嫩叶可食用，富含蛋白质、碳水化合物及多种维生素等营养物质。它们喜欢湿润的环境，喜欢生长在沙质或沙壤土壤中，在湖泊、河流及湿地边缘生长，根系可固土防蚀，东营湿地中的萹蓄对维持生态平衡起到了非常重要的作用，它们帮助过滤水质、保持水域的清洁，同时给湿地动物提供了多样的栖息地和食物来源。

李垚 / 摄

第五章

江南福地，一城山水
——常熟

5

常熟城市景观

常熟市为苏州市代管的县级市，是一座历史悠久的城市，位于江苏省南部。几千年来，常熟人民以智慧和勤劳书写了辉煌的历史篇章。常熟市北濒长江，南临太湖，人文荟萃，经济发达，因“年年丰收”而得名，素有“江南福地”的美誉。数千年来城镇村落依水而筑，逐水而居，保留了大量古河道、古桥和水乡聚落，形成了“七溪流水皆通海”的江南水乡格局。

常熟位于长江与太湖之间，拥有丰富的湿地资源。这些湿地不仅涵盖了河流、湖泊、湿地滩涂等多种类型，还有重要的生态功能，包括水源涵养、碳汇、生态调节等。作为“国际湿地城市”，常熟将湿地保护与城市发展相结合，推动生态城市建设，并积极参与全球湿地保护与国际合作，成为国内外湿地保护的典范之一。

一、常熟城市魅力

常熟是一座有着3000多年历史的江南名城。早在春秋战国时期就已建县。南朝梁大同六年（540），置常熟县，县治设南沙城（今海虞镇福山），常熟县名由此始。常熟是吴文化的发祥地之一。商末，泰伯和仲雍奔吴，化吴夷之俗为一体，为常熟的文化发展奠定了基础。而虞山、弦河、琴川等自然风光与历史文化交相辉映。

常熟地处长江三角洲核心区域，水陆交通便捷，区位优势明显，这为其经济社会发展提供了强大动力。这座城市拥有得天独厚的自然环境，水网密布，绿树成荫，被誉为“鱼米之乡”和“江南水乡”。常熟的空气质量优良，生态环境优美，不仅为居民提供了宜居的生活环境，也吸引了众多游客前来观光。

常熟人对历代典籍的整理收藏历史悠久，其图书馆、铁琴铜楼等文化场所展示了常熟的文化魅力。此外，常熟拥有丰富的文化遗产，包括 143 项非物质文化遗产、108 处历史建筑、4 个历史文化街区等。

常熟被誉为“吴中第一山水”，拥有虞山、尚湖等自然景观。尚湖因其湖光山色，成为游客休闲散心的好去处。常熟文庙、燕园、秦川桥等人文景观展示了常熟的历史文化底蕴。

常熟孕育了独特的江南水乡文化和丰富的民间艺术，文化底蕴深厚。传统文化瑰宝为常熟增添了浓厚的文化气息，使其在现代化发展的同时，仍然保留着独特的历史风貌。在高新区南部，有一座唐市古镇，临水而建，素有

常熟方塔

“东乡十八镇，唐市第一镇”的美誉。自明朝起，这里就是远近闻名的商贸集散中心，至今仍呈现出数百年前的古韵与繁华。

方塔园位于常熟古城东端，是在宋朝古迹旧址上新建的古典园林，因园内有方塔而得名。方塔四面九层，为古城常熟标志性建筑，始建于南宋，系全国重点文物保护单位。方塔与宋代古井、古银杏并称为“园中三宝”。

常熟依托其深厚的文化底蕴和丰富的民间艺术资源，开发出一系列具有地方特色的产品。例如剪纸、泥塑、竹编等传统手工艺品，以及以江南水乡为主题的文创纪念品等，深受消费者青睐。这些产品既满足了游客的购物需求，也有助于传播常熟的旅游文化和当地旅游产业的发展。

常熟拥有众多保存完好的古建筑群落和古镇。游客可以在这些古镇中漫步，感受历史的沧桑与厚重，也可以乘坐乌篷船穿梭于水巷之间，领略水乡风光。

常熟还拥有众多红色旅游景点，如沙家浜革命历史纪念馆、新四军太湖游击队纪念馆等。在这些地方，游客可以了解中国共产党的历史和革命历程，感受红色文化的独特魅力。

常熟有自己鲜明的特色农产品，拥有丰富的农业资源，例如优质稻米、水产品和各类蔬菜等。常熟美食以其独特的口感和品质而闻名，当地特色小吃更是不可错过，如桂花糕、鸭血糯等。

二、常熟湿地概况

常熟市河网密布、湖荡众多，湿地类型多样，湿地面积 29921.61 公顷，是一座建设在湿地上的城市。4000 多个湿地错落有致，如同一颗颗绿宝石镶嵌在常熟版图上。虽然城镇化不断发展，市内湖泊、沼泽、河流和人工湿地等多种湿地生态系统依然得到很好的保护。常熟的湿地保护管理体系注重自然生态环境的保护，兼顾生态旅游的开发和社会经济的可持续发展。

常熟通过生态旅游、科普教育等方式，提高了公众对湿地保护的认识和参与度，增强了全社会对湿地保护的重视程度。其中，沙家浜国家湿地公园和尚湖国家城市湿地公园是最亮眼的存在。此外，常熟建立了以国家湿地公园、省级湿地公园、湿地保护小区、市级湿地及湿地乡村为架构的五级湿地保护管理体系。截至2021年，常熟自然湿地保护率达65.4%，通过退渔还湿、水系连通等工程，使湿地生态功能显著提升。常熟为“国际湿地城市”管理和创建提供了中国范例。

虞山山顶观虞城

明星湿地

❶ 沙家浜国家湿地公园

沙家浜国家湿地公园位于常熟市境内，属于阳澄湖水系。沙家浜国家湿地公园总规划面积达 414.03 公顷，其中湿地面积超过 300 公顷，湿地覆盖率高达 74.37%。公园湿地分为沼泽湿地、河流湿地、湖泊湿地、人工湿地等 4 类，以及草本沼泽、永久性河流、永久性淡水湖泊、库塘等 4 型。栖息着上万只鸥鹭，记录到鸟类 180 余种，以及超过 550 种植物。这些独特的生态资源共同营造出了具有江南水乡特色的湿地生态系统，实现了人与自然的和谐共生。

公园不仅是自然生态的宝库，还是历史文化的见证。它以京剧《沙家浜》的故事而闻名，大批游客前来探索、体验这片独特的自然与文化景观。著名作家贾平凹先生在《沙家浜记》中写道：“游了一次沙家浜，再也忘不了江南的这个古镇……可能是中国最干净的水和水中浩浩荡荡的芦苇。”

沙家浜国家湿地公园重视宣教工作，学习国内外团队先进的理念和丰富的经验，开发实践课程，形成了“沙家浜红绿新学堂”宣教实践品牌，并围绕湿地生态、革命传统、国防素质拓展和水乡文化等 4 个主题开展实践活动。沙家浜国家湿地公园还在生态保护、科普教育和红色旅游等方面做了大量工作。

沙家浜国家湿地公园为游客提供了丰富多彩的旅游体验，让游客在自然与文化之间尽情领略，感受美食的魅力，体验历史的沉淀，亲近自然的怀抱，实现身心的全面放松与愉悦。

沙家浜风景区

❷ 尚湖国家城市湿地公园

尚湖国家城市湿地公园位于常熟市城西，是首批“国家城市湿地公园”。尚湖湖面千顷潋滟，山影重峦叠巘，有“湖甸烟雨”之称。尚湖风景区是“国家级重点风景区”太湖风景区的重要组成部分。公园内遍布湿地，鸥鹭翔飞，鱼翔浅底，呈湖中有岛、岛中有湖的独特景观。景区以尚湖主体水面为核心，建立了荷香洲、钓鱼渚和桃花岛等多个自然景观。其中，有两个以池杉为主体的人工湿地林、沿湖堤岸人工林，还有以狐尾藻、苦草、眼子菜等为主体的沼泽湿地，这些湿地成为越冬鸟类的主要栖息地。

尚湖相传因殷末姜尚避纣王暴政，隐居于此垂钓而得名。水域面积 800 公顷，所在景区被当地人称为“尚湖湾”。尚湖湾北依十里虞山，东邻古城常熟，山清水秀，历代文人均有题咏传世。

尚湖国家城市湿地公园（张永 / 摄）

虞山国家森林公园城楼

③ 虞山国家森林公园

虞山国家森林公园林木荫翳，郁郁葱葱，百鸟争鸣，引人入胜。虞山为常熟市境内的一座山，横卧于城西北，北濒长江，南临尚湖，因商周之际江南先祖虞仲（即仲雍）死后葬于此而得名。虞山东南麓伸入古城，故有“十里青山半入城”之誉。虞山国家森林公园拥有森林 1260 公顷，森林覆盖率 96%。古城虞山镇已有 1700 余年的历史，镇区背倚虞山，近傍尚湖和昆承湖，传说有七条溪水横贯小城，如琴弦一般，古称“琴川”。旧城区的坊巷古朴，至今保持着明清时的建筑风格。虞山与尚湖交相辉映，万亩碧波涌西门，为古城平添了千种风情，也使其成为江南的风景旅游胜地。

虞山森林公园以山峰秀丽、景色优美而著称，游客可以登高远眺，感受江南水乡的迷人风光。

❹ 南湖省级湿地公园

南湖省级湿地公园

南湖省级湿地公园位于常熟市西南部辛庄镇与尚湖镇交界处，湿地公园总面积 421 公顷，以南湖自然湿地为主体。公园内有大片水面、环湖的池杉林和浅滩，为众多鸟类提供了绝佳的栖息地。截至 2023 年 12 月，公园共发现野生鸟类 16 目 49 科 140 种，常见鸟类有苍鹭、斑嘴鸭和绿翅鸭等；此外，还包含水雉、鸳鸯和红隼等 10 种国家二级重点保护野生动物。南湖是常熟市第三大湖泊，水面积 230 公顷，湖岸线长 34.3 千米，外围还有大面积的鱼塘，为鸟类提供了良好的觅食环境。此外，园内还建有科普园、红梅园、海棠园、百果园、红枫园和樱花园等观光休闲特色片区。南湖省级湿地公园成功创建湿地修复典型模式，形成了林草丰茂、鸟语花香和鱼跃蛙鸣的美好湿地景观，为常熟及周边区域湿地恢复起到生态示范引领作用。

❺ 泥仓溇省级湿地公园

泥仓溇省级湿地公园位于常熟市董浜镇观智村，北依虞东路，东临苏嘉杭高速公路，南傍袁泾河，西靠长亳塘，总面积 130 公顷，湿地率达 81.1%。公园拥有典型的江南水乡湿地景观，水域与湿地植被相互交织，环境清新自然。水域包括湖泊、沼泽和河流，植被以芦苇、菖蒲等水生植物为主。公园里动植物资源丰富，稻田和草地十分壮观，鱼类、鸟类和两栖类动物近百种。

公园设有观景平台、步道等设施，游客可以在这里漫步、观鸟，体验湿地生态的魅力和近距离观赏湿地景观。公园不仅是一个生态环境优美的自然景观，更是一个集生态保护、乡村社区建设和农耕文化展示于一体的综合性景区。

三、常熟湿地动物

常熟作为全球首批“国际湿地城市”，率先开展小微湿地建设与保护工作，并建立了五级湿地保护体系，为社会发展筑牢生态安全屏障。

沙家浜国家湿地公园起初生境较为单一，以林木生境和芦竹生境为主。近年来，公园除了保留了浮叶植物生境外，还通过水生植物种植、浅滩构建、捆扎芦竹浮岛制作等方式，丰富鸟类栖息地类型，完善湿地生境。随着各类生境的保护与营造，公园内的动物种类逐年增加，形成了丰富多样的生态群落。湿地生态系统的建设不仅有助于维持公园的生态平衡，还为众多鸟类提供了安全的栖息和繁衍环境，丰富了公园的生物多样性。截至目前，沙家浜国家湿地公园内的野生鸟类记录已达到 157 种，比试点建设前增加了 88 种，其中国家二级重点保护野生鸟类增至 8 种，包括鹗、鸳鸯、苍鹰、普通鵟等。

每逢候鸟过境时节，常熟各个湿地都有鸟类观测者在拍摄鸟类活动情况，其中不乏科研人员、鸟类保护志愿者等。

明星动物

黑脸琵鹭 ▸

| 鹈形目 | 鹮科 |

黑脸琵鹭（*Platalea minor*）是一种世界濒危鸟类，属鹮科，国家一级重点保护野生动物，被 IUCN 列为“濒危物种”。黑脸琵鹭体形较为修长，通常为 60—78 厘米，翼展为 120—130 厘米。黑脸琵鹭具有较长的颈部和腿部，适合在湿地和浅水中行走。它们羽毛主要呈现纯白色，面部和头部周围没有羽毛，身体洁白、羽毛光滑。它们飞行时常常可以看到翅膀的黑色末端，翼尖的黑色会显得十分明显。黑脸琵鹭最显著的特征是它那“琵琶”形状的长喙，喙宽大且扁平，末端稍微弯曲，喙的颜色通常为黑色。黑脸琵鹭在春秋季节的迁徙过程中，常常经过或停留在常熟湿地进行短暂的栖息，为湿地生态系统增添了丰富的生物多样性。

大白鹭

| 鹈形目 | 鹭科 |

大白鹭（*Ardea alba*）是一种大中型涉禽，国家二级重点保护野生动物。其以全身雪白的羽毛、修长的身形和优雅的姿态而闻名。大白鹭身高较大，体长 90—104 厘米，翼展可达到 1.5 米。大白鹭头顶有时带有一束装饰性的羽毛，腿长，嘴部直而尖，是典型的捕食性鸟类。通常单独或成群在浅水区域活动，捕捉鱼类、小型水生动物以及昆虫。白鹭是候鸟，每年冬季会向南迁徙，进入温暖的地区过冬。它们的繁殖期在春夏季节。白鹭广泛分布在世界各地，尤其是亚洲、欧洲、非洲和美洲等地。通常栖息在湖泊、湿地、沼泽、河流以及沿海地区，尤其喜欢那些水质清澈且食物丰富的地方。常熟湿地是白鹭迁徙途中的重要停歇地，白鹭会在这里停留，补充能量后，继续南北迁徙。

水雉 ▸

| 鸻形目 | 水雉科 |

水雉（*Hydrophasianus chirurgus*）也叫“水鸨”，是一种分布广泛的小型淡水湿地鸟类，属水雉科，国家二级重点保护野生动物。水雉体态轻盈，能够在水面上飞舞，被誉为“凌波仙子”，常常在水边的草丛或芦苇丛中活动。水雉体长约 30 厘米，翼展约 50 厘米，体重 100—150 克。头部和颈部前段为白色，颈后端有着亮眼的金黄色羽毛，两翼主要为白色，翅尖点缀一抹黑褐色，腿细长且适应水域环境。水雉对栖息地的要求较高，喜欢选择水深较浅的开放性湿地地区，因为那里有丰富的水生植物以及食物资源。水雉喜欢隐蔽的环境，常常隐藏在水草和芦苇中，不容易被人发现。水雉常在湿地的边缘活动，觅食时以水生植物和小型无脊椎动物为主。常熟的湿地环境具备水雉所需的栖息条件，对其种群的繁衍、存活和生态多样性保护提供了有力支持。

赤腹鹰

| 鹰形目 | 鹰科 |

赤腹鹰（*Accipiter soloensis*）是一种中型猛禽，属鹰科，国家二级重点保护野生动物。它们为东亚特有物种，繁殖于中国东北至华南、朝鲜半岛及日本，越冬于东南亚。赤腹鹰体长35—40厘米，翼展52—62厘米。头部和上体主要呈现灰黑色，胸部和腹部则为橙色，翼短而尖，翼尖黑色。翅膀和尾部具有黑白色条纹。它们主要以小型哺乳动物、鸟类、爬行动物和昆虫等为食，捕食时常会在空中盘旋或低空滑翔，然后俯冲抓取猎物。赤腹鹰喜欢生活在热带和亚热带地区的密集森林、沼泽地和湿地边缘等环境中。它是一种独居的鸟类，常在树上或岩石上筑巢，用树枝、树叶和草等材料构筑巢穴。雌鸟和雄鸟共同孵化、抚育雏鸟。

斑头秋沙鸭

| 雁形目 | 鸭科 |

斑头秋沙鸭（*Mergus squamatus*）是一种中型水鸟，属雁形目、鸭科，国家二级重点保护野生动物。斑头秋沙鸭体长约42厘米，体重500—700克。雄性斑头秋沙鸭的羽毛颜色较为鲜艳，以白色为主，头部和颈部有明显的黑色斑纹。雌性斑头秋沙鸭的羽毛颜色较为暗淡，多为褐色或灰色。斑头秋沙鸭的喙细长而尖，呈灰色，喙缘有锯齿，适合捕食鱼类。斑头秋沙鸭主要栖息在湖泊、河流、水库等淡水水域中。喜欢在清澈的水域中觅食，它们主要以鱼类为食，也会吃一些甲壳类动物、昆虫和水生植物。它们在树洞或岩缝中筑巢，雌鸟负责孵卵和抚育雏鸟。斑头秋沙鸭是一种迁徙性鸟类，它们在秋季会从繁殖地迁徙到越冬地，春季再返回繁殖地。它们主要分布在亚洲的东部和中部等地区。

鸳鸯

| 雁形目 | 鸭科 |

鸳鸯（*Aix galericulata*）俗称“爱情鸟”，属雁形目、鸭科，国家二级重点保护野生动物。鸳指雄鸟，鸯指雌鸟，雌雄异色。雄鸟嘴红色，脚橙黄色，羽色鲜艳而华丽，头具艳丽的冠羽，眼后有白色眉纹。雌性则整体呈灰褐色，色彩与雄性相比较暗淡，白色眼圈和白色眉纹相连，宛如女子在眼睛后画了一条白色的眉线。鸳鸯总成双成对地出现，故自古以来都被视为忠贞爱情的象征，一句“只羡鸳鸯不羡仙”吟诵至今，但实际上鸳鸯是“一夫多妻制”的。在古代早期，鸳鸯是用来形容兄弟感情的。直到唐朝，诗人卢照邻有诗云“得成比目何辞死，愿作鸳鸯不羡仙”，将爱情的帽子紧紧套在了鸳鸯头上，流传至今。

棕头鸦雀 | 雀形目 | 鸦雀科 |

棕头鸦雀（*Paradoxornis webbianus*）又叫“小棕球”，鸦雀科、鸦雀属鸟类，国家“三有”保护野生动物。棕头鸦雀头至上背部呈棕色，翅膀是红棕色，体态圆润像一个小棕球。棕头鸦雀身长约 12 厘米，圆润的身体可拖着与之等长的尾羽。它们个头娇小，嘴巴圆润短厚，与鹦鹉相似，故称为“粉红鹦嘴”。棕头鸦雀喜欢成群结队，总是叽叽喳喳地在水边芦苇和灌木丛中穿梭鸣叫。棕头鸦雀可以产出令人惊奇的、蓝色彩的蛋。鸦雀产白色带花纹的蛋是较为原始的特征，而纯蓝色蛋则是衍生特征。那是什么原因导致的呢？第一，卵色的变化可能是鸟类的警戒色，试图以此告诉捕食者鸟卵中存在有毒的化学成分，以此保全鸟蛋。第二，避免因阳光直射、温度过高而杀死鸟宝宝。第三，对抗巢寄生者的防御机制。

小鸦鹃

| 鹃形目 | 杜鹃科 |

小鸦鹃（*Cuculus bengalensis*）是一种中小型鸟类，属杜鹃科，国家二级重点保护野生动物。小鸦鹃体形相对较小，体长28—40厘米，翼展55—60厘米。羽毛呈现出黑色，背部和翅膀具栗色。飞行的小鸦鹃翅膀呈现出弯曲的形态，动作轻巧。小鸦鹃的叫声为单调的“咕咕”声，有时也会发出尖锐的叫声。小鸦鹃以昆虫为主食，尤其偏爱毛虫。它们常常在夏季迁徙期间飞抵繁殖地，自行筑巢于灌丛。小鸦鹃蛋具有特殊的迷彩色，这使得它们在其他鸟类的巢中很难被察觉。小鸦鹃分布广泛，主要生活在欧洲、亚洲、非洲等地区。小鸦鹃在生态系统中扮演着重要的角色，对害虫的控制有一定的作用。

黑翅鸢

| 鹰形目 | 鹰科 |

黑翅鸢（*Elanus caeruleus*）是一种中小型猛禽，属鹰科、黑翅鸢属。黑翅鸢体长30—35厘米，翼展80—95厘米，体重150—200克。它们有明显的黑色翅膀和白色的腹部，这是它们最显著的外观特征。翅膀上有黑色的羽毛，且翅膀形状较为窄长，适合滑翔。它们头部呈灰白色，眼睛周围有一圈黑色的“面具”，嘴巴短且有力，适合捕食小型猎物。其飞行方式非常优雅，常在空中盘旋，利用上升气流进行滑翔。飞行时翅膀张开较大，呈“V”字形，给人一种稳健和灵活的感觉。黑翅鸢偏好开阔的草地、湿地、农田和一些低矮的灌木丛，常常在湿地的上空盘旋，寻找小型哺乳动物、鸟类和昆虫等猎物。广泛分布于亚洲、非洲等地区。

翘鼻麻鸭

| 雁形目 | 鸭科 |

翘鼻麻鸭（*Tadorna tadorna*）又叫“花凫”。雄性翘鼻麻鸭上嘴基部有一红色瘤状物，使得鼻子高高翘起，由此得名。宋朝周紫芝有诗云“黄犊分青草，花凫趁绿沟”，诗中的花凫指的就是翘鼻麻鸭。翘鼻麻鸭是大型鸭科动物，头部和上颈黑褐色，胸部有一栗色环带，肩羽和尾羽末端黑色，其余体羽为白色，身穿黑、红、白、褐色“拼接”款大衣，是我国“三有”保护动物里的“潮流明星”。

罗纹鸭

| 雁形目 | 鸭科 |

罗纹鸭（*Anas falcata*）是一种较为特殊的野鸭。体长 45—55 厘米，翼展 75—85 厘米，体重 600—900 克。体羽色泽相对较为朴素，雌雄之间有一定的区别。其雄性羽毛色彩较为鲜艳，特别是在繁殖季节，头部、颈部有美丽的绿色光泽。雌性则偏向棕灰色，具备较好的伪装能力。罗纹鸭有一条非常明显的白色和黑色条纹状图案，分布在翅膀和身体的两侧，因此得名“罗纹鸭”。罗纹鸭展翅飞行的姿势优雅，飞行速度较快，能够进行较远距离的迁徙。罗纹鸭在水面上游泳时，动作灵活，能够迅速潜水觅食。

四、常熟湿地植物

常熟湿地监测到高等植物共有 778 种。其中，优势科包括禾本科、菊科、莎草科、蓼科、蝶形花科和唇形科。尚湖国家城市湿地公园种植了池杉等乔木，还有狐尾藻、苦草、眼子菜等湿地植物，成为越冬鸟类主要的栖息地。到目前为止，沙家浜国家湿地公园共调查到植物 720 种：被子植物种数最多，共计 382 种；裸子植物共计 7 种；蕨类植物共计 6 种。

明星植物

龙舌草▸ | 沼生目 | 水鳖科 |

龙舌草（*Ottelia alismoides*）又名“龙舌藻”，是一种水鳖科、水车前属水生植物，国家二级重点保护野生植物。叶片呈心形或倒卵形较多，常浮在水面上。花通常为淡紫色或白色，具清香。龙舌草通常生长在浅水区、河流、湖泊或湿地的水面上。它喜欢温暖的气候，在热带和亚热带地区生长尤为良好。龙舌草作为水生植物，能给水域中的动物，尤其是水鸟和昆虫，提供栖息地和食物源。其根系发达，有助于固土，防止水土流失，并对水中的有害物质进行吸收，起到一定的净化作用。此外，龙舌草具有一定的药用价值。

慈姑

| 沼生目 | 泽泻科 |

慈姑（*Sagittaria trifolia var. sinensis*）也称“华夏慈姑”，是泽泻科、慈姑属水生植物。茎直立，枝端膨大成球茎，是其重要特征之一。叶片具长柄，形状如同箭头，因而得名“剪刀草”或“燕尾草”。花朵一般白色，黄色花蕊点缀其中。其地下块茎富含淀粉。作为我国特色蔬菜，慈姑在唐朝以前就开始种植。此外，慈姑在中医药中被认为有一定的药用价值，用于利水、消肿等。慈姑的花和果实为湿地中各种水生昆虫、鸟类和小型动物提供食物来源，其叶片可为某些水生动物提供栖息地。根系在水生环境中起到了固土的作用，能够防止水土流失。慈姑对湿地环境有较高的适应性，能有效帮助稳定湿地生态系统。

大茨藻

| 沼生目 | 茨藻科 |

大茨藻（*Najas marina*）属茨藻科、茨藻属，一年生沉水草本。茎较粗壮，径 1—4.5 毫米，黄绿至墨绿色，质脆，节部易断裂。植株高 30—100 厘米，茎上多分枝，具稀疏尖锐短刺。叶对生或聚生于枝顶，带状，坚挺，常扭转，基部叶鞘圆形。叶鞘无齿或有稀疏锯齿，无叶柄。大茨藻生于湖泊、池塘、水流缓慢的河流中。

李垚 / 摄

绶草 ▸

| 微子目 | 兰科 |

李垚 / 摄

绶草（*Spiranthes sinensis*）是兰科、绶草属多年生草本植物。植株高 13—30 厘米。叶子基生，呈宽线形或宽线状披针形，颜色为绿色，通常在花期后凋萎。茎较短，近基部有 2—5 枚叶。花瓣呈斜菱状长圆形，较薄；唇瓣呈矩圆形。花茎直立，花小，花序为螺旋状的穗状花序，花小，有紫红色、粉红色或白色，蒴果椭圆形。花期 7—8 月，果期 8—9 月。绶草对重金属离子和有机物有良好的富集吸收和降解功能，具有减轻水体富营养化和净化污水的能力。绶草是常熟湿地植物群落中的一个特色物种，常与其他湿地植物（如水葱、芦苇）等共同构成丰富的植物层。绶草具有很高的观赏价值，其白色螺旋花序为湿地景观增色不少。

水葱

| 莎草目 | 莎草科 |

水葱（*Scirpus validus*）是一种莎草科、藨草属植物，常见的湿地植物。水葱的茎直立，呈圆柱形。叶片线形狭长。其根系发达，能够稳固湿地土壤，防止水土流失。水葱通过地下根茎扩展和种子传播。它有细长的茎，生长在浅水区，广泛分布在淡水湿地、河流、湖泊和沼泽中。水葱地上部分可入药，具有利水消肿之功效。水葱可改善水质，吸收水中的营养物质，防止水体富营养化，同时为鸟类、昆虫和水生动物提供了栖息地。其茂密的根系也有助于水土保持，保护湿地的生态稳定。

李垚 / 摄

菰

| 禾本目 | 禾本科 |

菰（*Zizania latifolia*）俗称“茭白”，是禾本科、菰属多年生宿根水生草本植物。秆高 1—2 米，径多节，基部节生不定根。叶鞘长于节间，肥厚，有小横脉。叶舌膜质，顶端尖，叶片扁平且宽大。叶与叶鞘相接处有三角形的叶枕，称“茭白眼”。菰多生长于水岸附近，耐水性较强。其嫩茎和嫩叶可以食用，含有丰富的营养成分。其根茎部分在中医药中有一定的药用价值，常被用来调理身体。宽叶菰在湿地中与其他湿地植物（如芦苇、菖蒲）等互为依托，它们共同发挥净化水质、防止水土流失等功能。

李垚 / 摄

第六章

青青柳城，洞庭烟波
——常德

6

常德市位于湖南省的北部，坐落在江南洞庭湖西侧，武陵山的脚下。周围山水环绕，拥有得天独厚的自然资源。常德市古称武陵、朗州，别称柳城，是湖南省的一个地级市，是长江经济带的重要节点城市，也是洞庭湖生态经济区的重要组成部分。常德是环洞庭湖生态经济圈的城市之一，以“川黔咽喉，云贵门户”的美誉而闻名，如一颗璀璨的明珠，散发着独特的魅力。常德属于亚热带湿润气候，气候温和、湿润，四季分明。

自远古时期起，常德一带就有人类定居、繁衍生息，留下了新石器时代的遗迹；楚国文化在此有深远的影响，屈原出生在常德，他的《离骚》与常德有着深厚的渊源。秦汉时期，常德属于长沙郡，是交通要道和物资集散地。明清时期，常德在政治、经济和文化上都有了更为稳固的发展，农业仍然是经济的主力，尤其是水稻、茶叶等农产品的生产逐渐形成规模。近些年常德经济和社会面貌发生翻天覆地的变化，尤其是与洞庭湖及沅水流域的生态环境保护相关的产业，成为常德发展的重要组成部分。

常德的城市风貌（喻晓琳 / 摄）

一、常德城市魅力

常德市，一座承载两千余年文明的古城，既是历史长河的见证者，也是浪漫传说的孕育地。“刘海砍樵”“孟姜女哭长城”以及陶渊明笔下的《桃花源记》，这些故事铸就了常德的“善德文化”的精神内核。常德有着“最湖南”的地形，集山河湖平原于一身，有海拔 2098 米的壶瓶山，中部丘陵区形成盆地，北部有广阔的澧阳平原，东部是中国第二大淡水湖——洞庭湖。同时，它也是湖南唯一拥有沅、澧两条大河跨越的城市。

在东汉时期，常德成为湘西北地区的政治中心。北宋政和七年（1117），在鼎州设立了常德军。“常德”这个词，取自《道德经》“为天下溪，常德不离”和西汉毛氏《诗经·常武》序“有常德以立武事，因以为戒然”。常

广袤的澧阳平原

穿紫河风光

德市面积和粮食产量稳居湖南省第一，全市区县中有 7 个国家级产粮大县，被誉为湖南的“第一粮仓”。除此之外，常德在蔬菜、棉花、油料等方面同样是生产大市，油菜种植面积和产量常年居全省榜首。常德更是我国珍珠的主产区之一，产量和质量处于全国领先水平。

常德的城市建设闻名于世。这座历经“七毁七建”的古城，在战火与重建中淬炼出常德人不屈不挠的精神，为现代城市注入生生不息的动力。

老西门曾是常德城的西门，其改造思维模式超前，居民回迁保留了生活场景。在老西门，小桥、老树、城墙和抗战碉堡群得以保留，成为这条街区真正的精神气质所在。老西门改造多次获得建筑规划设计类奖项，包括荣获首届“三联人文城市奖”中的“城市创新奖”。其改造的复杂性在于既要保留城市的历史和街区生活气息，又要赋予它现代城市的特质。与国内流行的仿古街区不同，老西门的改造走的是现代性与传统内涵相结合的道路。

常德这座城市的文化与水紧密相连，水既是这座城市繁荣的源泉，也是它面临的挑战。常德人民在与水的互动中，既学会了利用水的便利，也学会了如何规避水带来的风险。与水共存和斗争的文化，成了近代常德城市文化的主线，支撑着常德人独特的“蛮儒”个性。这种性格不仅塑造了常德人改造自然的强大动力，也创造了丰富多彩的城市文化。

桃花源景区符合桃花源的意境，位于沅水出雪峰山，入武陵山脉余脉的盆地，背倚乌云界国家自然保护区。桃花源景区位于武陵区，是陶渊明《桃花源记》中所描述的理想世界的原型。这里拥有奇特的溶洞、清澈的溪

穿紫河上的中式廊桥

水、成片的桃林等美丽景色。这个传说中武陵人打渔为生的地方，成了无数人的精神家园。景区有聚贤桥和著名的潇湘八景之一“渔村夕照”。站在水府阁上，沅水的胜景尽收眼底，如同一幅理想国的画卷展现在眼前。

桃花源景区的聚贤桥（喻晓琳 / 摄）

常德周边有着典型的江南水乡风貌，尤其是柳叶湖、沅水等景点。柳叶湖位于常德市城区东北部，与洞庭湖相连，因湖面似一片柳叶而得名。柳叶湖原是洞庭湖的一部分，随着洞庭湖的萎缩，柳叶湖也逐渐成为一个独立的湖泊。漫步柳叶湖畔，唐朝风格的建筑错落有致，古朴典雅。站在观景台上，

常德诗墙

游客可以远眺湖光山色，感受“山光悦鸟性，潭影空人心”的意境。

常德诗墙将千年文化精粹与现代艺术完美融合。漫步其间，仿佛穿越时空，与历代文人墨客对话，感受诗词的魅力。诗墙全长3000米，由亭台楼阁、水榭花径等建筑巧妙连接，形成一道独特的风景线。诗墙上的诗词，从先秦到当代，应有尽有，将中华诗词文化的博大精深展现得淋漓尽致。漫步诗墙，如同漫步在历史的长河中，感受着中华诗词文化的魅力。

常德的美食以“鲜、香、辣”为特色，兼具湘菜的浓烈风味。剁椒鱼头

西洞庭湖

是常德地区最具代表性的美食之一，鲜香辣爽，口感独特。常德烧饼是一种传统的小吃，由炭火烘烤，外脆内软，市井烟火气十足。常德的临澧酱鸭闻名遐迩，鸭肉酥软，唇齿留香。油炸臭豆腐味道独特，外脆内嫩，“闻着臭吃着香”，口感丰富。在早餐市场里，常德米粉更是一道不可忽视的代表食品。早在2016年，米粉制作技艺就被列入了第四批“湖南省非物质文化遗产代表性项目名录”。

常德米粉（喻晓琳 / 摄）

二、常德湿地概况

国家湿地公园建设对完善西洞庭湖生态保护体系、保障洞庭湖永保“一湖清水”和当地供水安全、支撑湖南“一湖三山四水”生态屏障建设等均具有重要的意义。根据全国第二次湿地资源调查结果，常德全市湿地总面积为19.01万公顷，占全市国土面积的10.44%。其中，湖泊湿地9.15万公顷、河流湿地5.2万公顷、人工湿地3.99万公顷、沼泽湿地0.67万公顷，总保护面积13.33万公顷，湿地保护率达70.15%。常德建有西洞庭湖、壶瓶山、乌云界等3个国家级自然保护区，以及津市毛里湖、桃源沅水、安乡书院洲、澧洲涔槐、鼎城鸟儿洲、石门仙阳湖、汉寿息风湖和临澧道水河8个国家湿地公园。

明星湿地

❶ 西洞庭湖国家级自然保护区

西洞庭湖国家级自然保护区属内陆湖泊芦苇沼泽型湿地，地处沅、澧水尾闾。保护区内洲滩密布，江湖交错，水域辽阔，形成了独特的地形地貌和湿地景观，“涨水为湖，落水为洲”为其主要特征。保护区拥有河流、溪流、湖泊、苔草、芦苇、沙滩、水稻田、鱼池、防浪林等多种湿地生态系统类型。西洞庭湖国家级自然保护区其换水周期小于20天，是长江中下游地区典型的调蓄型湖泊。西洞庭湖汇集沅、澧二水，以及长江太平、松滋二口洪流，对于均化洪水，维持高标准的水质以及对区域气候的调节和稳定具重要作用。作为“国际重要湿地”、东亚候鸟重要越冬地，保护区每年冬季有超2万只的各类越冬候鸟在此栖息，种类以鹭类、雁鸭类为主。

西洞庭湖国家级保护区自然保护区

❷ 壶瓶山国家级自然保护区

壶瓶山国家级自然保护区位于常德市石门县境内，地处武陵山脉的东北端，总面积为 66568 公顷。壶瓶山被誉为“地球怪圈”（北纬 30°）上的“自然迷宫”，东半球上的“诺亚方舟”，具有极高的生态和科学研究价值。保护区内的气候属于亚热带山地气候，年平均气温 9.2℃。保护区保存有大量的古老珍稀濒危物种，被专家学者誉为“华中地区弥足珍贵的物种基因库”和“欧亚大陆同纬度带中物种谱系最完整的一块宝地”。保护区内已记录维管束植物 3080 种，隶属于 227 科，是湖南省维管束植物种类最丰富的地方。同时，保护区内记录的陆生脊椎动物 500 余种，隶属于 92 科。壶瓶山国家级自然区保护区主要保护对象包括华南虎、金钱豹、林麝等濒危动物，以及珙桐、红豆杉等珍稀植物。保护区内还提供了多种生态旅游体验，如象鼻子沟、石碾子沟两条线路，以及鱼洞探险、峡谷漂流等游览项目，吸引了大量游客。

壶瓶山镇的傍晚

乌云界国家级自然保护区的雪峰山

③ 乌云界国家级自然保护区

乌云界国家级自然保护区位于常德市桃源县南部，地处雪峰山壮麓过渡带，总面积 3.38 万公顷，是 2006 年被批准成立的国家级自然保护区。保护区属于中亚热带向北亚热带过渡的季风湿润气候区域，年降雨量最高可达 2500 毫米，雨量充沛，因此区内植被茂密，保存着中亚热带较完整的大面积低海拔常绿阔叶原始次生林。保护区内森林覆盖率达 92.5%，是湘西北重要的水源涵养区和生态屏障。其主要保护对象为中亚热带低海拔地区最具典型、保存面积最大、保存较完好的森林生态系统，以及大型猫科动物及其生境。保护区记录的生物有 3438 种，隶属 464 科。其中，国家一级重点保护野生物种 10 种、国家二级重点保护野生物种 44 种。保护区是一个巨大的天然基因库，为各种不同生物提供了良好的生存条件。

毛里湖国家湿地公园

④ 毛里湖国家湿地公园

毛里湖国家湿地公园位于津市，以毛里湖湿地为主体，面积 6250 公顷，2016 年升级为“国家级湿地公园”。毛里湖是湖南省最大的溪水湖，由 99 条溪流汇聚而成，仅次于洞庭湖的第二大天然优质淡水湖，常年蓄水 1.38 亿立方米。毛里湖及其周边地区有着悠久的历史和灿烂的文化，有南宋钟相、杨幺起义屯兵的遗址，出土了大量古钱币的石龟山等，它们见证了江湖要冲的千年硝烟。毛里湖属洞庭湖水系，湖水清澈见底，周围山岗、丘陵起伏，植被茂密，水深在 7—9 米，错综复杂的港汊贯穿于起伏的山岗、丘陵之间，蜿蜒汇集，构成了一幅美丽的山水画卷。公园的湿地类型包括河流湿地、湖泊湿地和人工湿地。其中，湖泊湿地面积为 3857.5 公顷，河流湿地面积为 43.9 公顷，人工湿地面积为 507.5 公顷。

⑤ 湖南桃源沅水国家湿地公园

湖南桃源沅水国家湿地公园位于常德市西南部，沅水流域下游，桃源县城东南方向，距离县城约 15 千米，面积 751.79 公顷。公园湿地资源丰富多样，其湿地类型以永久性河流湿地为主体，洪泛湿地为季节性补充。该湿地公园以保护中华秋沙鸭为主的多种鸟类越冬栖息地为目标，是集湿地保护与修复、文化展示、科普宣教、科研监测、湿地生态旅游为一体的综合性湿地公园。公园除了拥有生态优势外，还拥有丰富的人文旅游资源，优良的水质、充沛的水量和开阔的水域空间，与两岸绮丽的风光、周边层峦叠嶂的山体、古老怀旧的村屋组成良好的山水风景。其自身景观资源独特，历史文化悠久，相传中原隐士善卷归隐德山，数次溯沅江而上，教化万民。2000 多年前，诗人屈原曾沿沅江南下，写下不朽诗篇《涉江》。

春色桃源

桃花源

⑥ 安乡书院洲国家湿地公园

安乡书院洲国家湿地公园地处安乡县境内，公园内总面积 4225.2 公顷，湿地总面积为 3918.8 公顷，占公园总面积的 92.7%。湿地公园内水系发达，其由河流、沼泽、洪泛平原、水产养殖场构成的生境比较复杂，为众多生物提供了繁衍栖息场所。湿地公园共有种子植物 119 科 344 属 520 种，其中有国家重点保护野生植物莲、野菱 2 种。有野生脊椎动物 202 种，隶属 74 科；国家一级重点保护野生动物 1 种。公园内湿地分为河流湿地、沼泽湿地和人工湿地。其中，河流湿地面积为 2148.0 公顷，沼泽湿地面积为 1745.3 公顷，人工湿地面积为 25.5 公顷。其湿地植被丰富繁多，地理成分复杂多样，生态旅游资源丰富，是长江与洞庭湖之间的重要生态廊道。

风景如画的湿地

⑦ 澧州涔槐国家湿地公园

澧州涔槐国家湿地公园位于常德市澧县西北部，是一个集自然生态与历史文化于一体的宝地，范围包括王家厂水库、山门水库、涔水北支流部分河道及洲滩、连接山门水库与涔水北支的河道，以及周边部分山地。湿地公园总面积 2778 公顷，湿地总面积 2406.7 公顷，占湿地公园总面积的 86.63%。其中，河流湿地面积为 968.3 公顷，占湿地公园总面积的 34.86%；人工湿地面积为 1438.4 公顷，占湿地公园总面积的 51.78%。园内栖息着众多珍稀鸟类和野生动物，是生物多样性保护的典范。

湿地水面绿色浮萍

⑧ 鼎城鸟儿洲国家湿地公园

鼎城鸟儿洲国家湿地公园位于常德市鼎城区十美堂镇境内，由沙潮河、牛耳湖、水产养殖场、稻田和周边河堤组成。该湿地公园以沙潮河（即澧水古洪道）为主体，连接澧水和牛耳湖，总面积达 1641 公顷。其湿地植物资源丰富，共有 58 科 155 属 211 种。这里原是洞庭湖中一块无人的滩涂。清朝时，开始有人在此围堤造田，落户生根，水上洲滩逐渐变成了千里沃野。目前，公园共记录到鸟类 15 目 41 科 109 种。湿地的越冬水鸟数量超 2 万只。白琵鹭在此成群结队地出现，数量已接近千只；鸳鸯成双入对，在湿地的碧波里，以水为镜，顾盼生姿；野鸬鹚的观测数量也已突破 1 万只。

湖南石门仙阳湖国家湿地公园

⑨ 石门仙阳湖国家湿地公园

石门仙阳湖国家湿地公园位于洞庭湖水系澧水支流渫水下游，是湘西北最大的人工湖泊，建成后有“小三峡”之称，湖中分布100多个岛屿和半岛。湿地公园主要包括仙阳湖、渫水及周边一定范围内的水源涵养林。湿地公园规划总面积7946.6公顷，其中水域总面积5391.6公顷，占公园规划总面积的67.8%。湿地公园动植资源丰富，森林茂密，群山竞秀。

⑩ 汉寿息风湖国家湿地公园

汉寿息风湖国家湿地公园位于常德市汉寿县，紧邻湖南省西洞庭湖国家级自然保护区，公园总面积为1836.53公顷，其中湿地面积1544.45公顷，湿地率高达84.1%。该公园包含沧浪河、南湖撇洪河和息风湖三个河段。公园属

汉寿息风湖国家湿地公园

于洞庭湖水系，涵盖湖泊湿地、河流湿地等四类湿地类型。汉寿息风湖国家湿地公园对构建洞庭湖流域大生态保护格局、完善西洞庭湖湿地与生物多样性保护体系、改善当地水生态环境和提升生态文明水平等均具有重要的意义。

⑪ 临澧道水河国家湿地公园

临澧道水河国家湿地公园位于常德市临澧县，范围主要包括佘市桥镇洲浒溪至烽火乡六方洲之间的道水河段及其周边部分山地和稻田，规划总面积953.3公顷，其中湿地面积918.9公顷，湿地率高达96.39%。公园湿地内生物多样性丰富，所在的道水河是澧水一级支流，是临澧的“母亲河”，也是国家地理标志产品“临澧黄花鱼”的天然繁育场。公园内包含河流湿地和人工湿地两类，涉及永久性河流、洪泛平原湿地、库塘、水产养殖场和稻田等五个湿地型。公园内野生动植物丰富，奇花异草散布河湾、洲滩。

⑫ 柳叶湖湿地

柳叶湖湿地不仅拥有美丽的自然风光，更是重要的湿地生态系统，是多种水禽的栖息地。湖中岛屿众多，水草丰茂，周边还有大面积的森林，构建了“水陆交织”的立体生态屏障。柳叶湖湿地类型多样，包括湖泊湿地、河流湿地、沼泽湿地等，为不同鸟类提供了觅食、繁殖与避难的空间。湖中鸟类种类繁多，数量丰富，包括鹭类、雁鸭类、鹤类和鸥类等，构成了柳叶湖独特的生态景观。柳叶湖地处东亚—澳大利西亚鸟类迁徙路线上，是候鸟迁徙的重要驿站。每年春秋两季，成千上万的候鸟经过柳叶湖，在这里觅食、休息，补充能量，为长途迁徙做准备。

柳叶湖

三、常德湿地动物

常德湿地拥有种类丰富的动物。西洞庭湖国家级自然保护区是中华鲟、青头潜鸭、白鹤等 10 种濒危物种的重要洄游场所或越冬地，每年冬季有 2 万只以上的越冬水鸟在此栖息，以鹭类、雁鸭类为主。

毛里湖国家湿地公园的鸟类资源丰富，调查已发现的 127 种鸟类中，有国家二级重点保护野生鸟类多种。

桃源沅水国家湿地公园内野生动物种类繁多，其中有国家一级重点保护野生动物中华秋沙鸭，也有国家二级重点保护野生动物鸳鸯、黑翅鸢等 5 种。

安乡书院洲国家湿地公园及周边地区发现野生脊椎动物共计 202 种，其中国家一级重点保护野生动物 1 种、国家二级重点保护野生动物 18 种。

池鹭

明星动物

中华秋沙鸭

| 雁形目 | 鸭科 |

中华秋沙鸭（*Mergus squamatus*）是雁形目、鸭科、秋沙鸭属的鸟类，国家一级重点保护野生动物，被誉为“鸟中大熊猫”。其体长38—45厘米，体重为600—700克。体形较小，身姿修长，嘴短而尖。雄鸟头、颈黑色，具长羽冠，背黑色，下体和前胸白色，两胁是明显的黑色鳞状斑。雌性的颜色较为暗淡，上背褐色，下背、腰、尾上覆羽由褐色转为灰色。中华秋沙鸭主要繁殖于中国东北部的黑龙江、吉林和内蒙古地区，越冬于中国中部和南部地区，少数越冬于日本、韩国等国家。

中华鲟

| 鲟形目 | 鲟科 |

中华鲟（*Acipenser sinensis*）是一种鲟形目、鲟科的鱼类，国家一级重点保护野生动物。中华鲟体长2—3米，体重超过600千克，整体为梭形，体内没有鱼刺，体表没有鳞片，完全依靠五行骨板支撑其庞大的身体。其有长的鱼体和尖锐的吻部，身体背部呈暗褐色，腹部为白色。中华鲟是洄游鱼类，主要栖息在我国长江流域的淡水河流中，喜欢居住在水流湍急、清澈的区域。它们是底栖鱼类，食性非常狭窄，主要以底栖的小型甲壳动物、鱼类和无脊椎动物等为食。中华鲟是1亿多年前中生代留下的稀有古代鱼，介于软骨鱼与硬骨鱼之间，中轴为未骨化的弹性脊索，无椎体，软骨壳大部分不骨化，中华鲟是鱼类进化的见证者。中华鲟是我国的珍稀物种，被誉为“水中活化石”，具有重要的生态和文化价值。

黑鸢

| 鹰形目 | 鹰科 |

黑鸢（*Milvus migrans*）别名为“黑耳鹰”“老鸢”“黑耳鸢”“鸡屎鹰”“麻鹰”，鹰形目、鹰科、鸢属的一种猛禽，国家二级重点保护野生动物。其体羽深褐色，尾略显分叉，腿爪灰白色，有黑爪尖，翼上斑块较白，胸、腹具有宽阔的棕白色纵纹，翅上覆羽具白色端斑。黑耳鸢分布广泛，是我国最常见的猛禽之一。它们主要栖息于开阔平原、草地、荒原和低山丘陵地带，也常在城郊、村屯、田野、港湾、湖泊上空活动。在我国，黑耳鸢的留鸟分布于各地。黑耳鸢的飞行姿态优雅，缓慢平稳，适应能力强，喜成群活动。它们主要捕食小动物，也食腐肉，有时还会成群聚集在垃圾场周围找寻食物，亦能于湖泊上捉鱼。

斑头鸺鹠 ▸ | 鸮形目 | 鸱鸮科 |

斑头鸺鹠（*Glaucidium cuculoides*）属鸱鸮科、鸺鹠属的小型鸮类动物，国家二级重点保护野生动物。体长 20—26 厘米，是鸺鹠中个体最大的物种。身体体羽主要为黄褐色，并具有显著的白斑。头部面盘不明显，无耳羽簇，头顶为白色横纹，脑后无假眼。颏纹白色，肩部具一道白色斜纹，腹部白色具棕褐色纵纹，虹膜黄褐色，嘴黄绿色，脚黄绿色，跗跖被羽。斑头鸺鹠主要栖息于平原、低山丘陵以及海拔 2000 米左右的中山地带的阔叶林、混交林、次生林和林缘灌丛。斑头鸺鹠大多在白天活动和觅食，主要以各种昆虫为食，也吃鼠类、小鸟、蚯蚓、蛙等动物。

白尾鹞

| 鹰形目 | 鹰科 |

白尾鹞（*Circus cyaneus*）俗称“白尾泽鹞”“灰鹞”“灰鹰”，是鹰科、鹞属的鸟类，国家二级重点保护野生动物。雄鸟上体大都蓝灰色，头顶缀褐，耳羽后下方至上颏的羽毛蓬松稍卷曲、呈皱领状，尾上覆羽白色，腹、两胁和翅下覆羽也为白色。雌鸟体羽呈暗褐色，具淡色领环，尾上覆羽白色，下体淡棕，具棕褐色纵纹。白尾鹞常栖息于平原和山地丘陵地区的淡水沼泽、江河、湖泊、草原、荒地等区域，有时也出现在农田、沿海湿地、草坡等环境。它们通常单独活动，飞行敏捷，常低空飞行或藏匿在草丛中搜寻猎物，以鼠类、小鸟、蜥蜴、蛙类、昆虫等为食。

领角鸮 | 鸮形目 | 鸱鸮科 |

领角鸮（*Otus bakkamoena*）俗称“猫头鹰”，属鸮形目、鸱鸮科、角鸮属的鸟类，国家二级重点保护野生动物。领角鸮是一种小型猫头鹰，体长大约 24 厘米。上体羽毛灰褐色或沙褐色，耳羽簇明显，后颈基部有乳白色领环。颏和喉白色，上喉有一圈皱领，微沾棕色。各羽纵贯黑纹，两侧分出较细的横斑；下体全部灰白色，纵纹较细，横纹较密。领角鸮是夜行性鸟类，活动于海拔 2200 米以下的落叶林、常绿林、次生林、耕地附近的开阔灌丛、村庄区域。在我国广泛分布在东北、华中、华南等大部分地区。

领鸺鹠

| 鸮形目 | 鸱鸮科 |

领鸺鹠（*Glaucidium brodiei*）俗称“小鸺鹠”，鸮形目、鸱鸮科、鸺鹠属的鸟类，国家二级重点保护野生动物。体形纤小，体长大约 16 厘米。领鸺鹠上体羽毛浅褐色并具橙黄色横斑；头顶灰色，具白或皮黄色的小型“眼状斑”；喉白而具褐色横斑；胸及腹部皮黄色，具黑色横斑；大腿及臀白色具褐色纵纹。它们前额、头顶和头侧有细密的白色斑点，后颈有显著的棕黄色或皮黄色领圈，其两侧各有一黑色斑纹。领鸺鹠通常栖息于海拔 800—3500 米的山地森林、开阔林缘和灌丛等生境。雄性在宣示领地时会发出柔和的四音节哨音，且不断重复。

普通鵟

鹰形目 | 鹰科

普通鵟（*Buteo buteo*）是一种中型猛禽，属鹰科。翼展 110—150 厘米，体长 42—55 厘米。头部、颈部和上背羽毛常常呈现出深褐色，而下背和翅膀的覆羽呈现较浅的色调，有时还有白色的横纹或斑点。在飞行时，普通鵟的翅膀呈现出扇状展开，飞行较为稳健，通常在低空盘旋或滑翔。它们主要以小型哺乳动物、鸟类、爬行动物和昆虫为食，捕食时常常先悬停在空中，然后俯冲抓取猎物。普通鵟每年会在树林或岩石上筑巢，产卵后由雌雄鸟共同孵化。其主要生活在欧洲、亚洲、非洲和北美洲。普通鵟是优秀的猎手，对农业害虫的控制起到了一定的作用，不仅在生态系统中扮演着重要角色，而且也是人们观赏和保护的对象之一。

白颈鸦

| 雀形目 | 鸦科 |

白颈鸦（*Corvus torquatus*）俗称“白颈乌鸦”，是一种鸦科、鸦属的鸟类，国家二级重点保护野生动物。白颈鸦体长约48厘米，其羽毛主要为黑色，翅羽带有湛蓝光泽，颈部有一圈白色羽毛，形成明显的颈圈，喙厚实有力。白颈鸦栖息于平原、耕地、河滩、城镇及村庄，有时与大嘴乌鸦混群。白颈鸦主要以种子、昆虫、垃圾、腐肉等为食。白颈鸦性机警，比其他鸦类更难接近，如见人走近，会迅速飞走。白颈鸦鸣声洪亮，常边飞边叫。繁殖期主要在3—6月。雌鸟每窝会产2—6枚卵。

绿翅鸭 ▸

| 雁形目 | 鸭科 |

绿翅鸭（*Anas crecca*）是一种小型鸭类，属雁形目、鸭科、鸭属，体长约 37 厘米，体重约 500 克。雄鸟头部及颈部深栗色，具宽的金属绿色贯眼纹，肩部具一条白色细纹，胁部具灰色蠹状纹，腹部白色，尾下具皮黄色斑块，翼镜亮绿色。雌鸟体色为褐色，腹部浅棕色，翼镜绿色。绿翅鸭通常栖息于湖泊、池塘等水域附近，常与其他水禽混杂。它们在飞行时振翼极快，常成对或成群活动。雄鸟叫声似金属声，雌鸟叫声为细高的短声。繁殖期主要在春季，雌鸟每窝产卵通常为 6—10 枚。绿翅鸭在我国广泛分布，包括东北、华北、华中、华南等地区。

四、常德湿地植物

常德湿地中的野生植物数量丰富，分布广泛，种类多样。其中，西洞庭湖国家级自然保护区湿地植被以芦苇为主，约占湿地面积的 60%。安乡书院洲国家湿地公园共有种子植物 520 种，隶属 119 科，有国家二级重点保护植物 4 种。桃源沅江流域及河岸洲滩的植被群落类型可分为自然落叶林、自然常绿落叶混交林、半自然常绿落叶混交林、半自然落叶林、人工落叶林、次生稀树灌草林、河滩湿润草地和堤岸草地等 8 种类型。其中维管植物有 154 种、被子植物 140 种。

澧州涔槐国家湿地公园有种子植物 151 科 743 种，有国家重点保护野生植物 9 种，包括国家一级重点保护野生植物 1 种、国家二级重点保护野生植物 8 种。

结缕草

明星植物

南方红豆杉 ▸ | 红豆杉目 | 红豆杉科 |

李垚 / 摄

南方红豆杉（*Taxus wallichiana* var. mairei）是红豆杉科、红豆杉属的常绿乔木，国家一级重点保护野生植物。树干通直，树皮呈灰褐色或红褐色，常纵裂或剥落；叶为条形或条状披针形，微弯，深绿色。雌雄异株，球花小而单性，常生于叶腋。种子坚果状。南方红豆杉喜温暖湿润的气候，较耐干旱瘠薄，不耐低洼积水，喜深厚肥沃排水好的酸性土壤。其生长速度相对较慢，每年增长 10—20 厘米，但其寿命极长，可达数百甚至上千年。主要通过种子繁殖，每年的秋季会结出红色的种子，种子中的果肉是有毒的。它集药用、材用、观赏价值于一身，被人们称为“植物黄金”，主要分布于我国长江流域。

樟树

| 樟目 | 樟科 |

樟树（*Cinnamomum camphora*）又称“香樟树”，是樟科、樟属的常绿大乔木，国家二级重点保护野生植物。樟树树冠广卵形，枝叶茂密，四季常青。樟树喜光，喜温暖湿润的气候，不耐寒。樟树在深厚肥沃湿润的酸性或中性黄壤、红壤中生长良好，不耐干旱、瘠薄和盐碱土，萌芽力强，耐修剪。其抗二氧化硫、臭氧、烟尘污染能力强，能吸收多种有毒气体，较抗风，树枝坚韧。主要用种子繁殖，也可通过压条和扦插进行繁殖。樟树主要分布于我国长江流域以南地区。樟树多生长在低山的向阳山坡、谷地、丘陵等。樟树具有多种用途，其木材及根、枝、叶可提取樟脑和樟油，樟脑和樟油供医药及香料工业用。此外，樟树的根、果、枝和叶可入药，有祛风散寒、强心镇痉和杀虫等功能，木材又可作为造船、橱箱和建筑材料等使用。

李垚 / 摄

凹叶厚朴

| 木兰目 | 木兰科 |

凹叶厚朴（*Magnolia officinalis*）是木兰科、木兰属植物，国家二级重点保护野生植物。凹叶厚朴的叶先端凹缺；果实为聚合果，基部较窄。凹叶厚朴是温带树种，喜光也耐阴，特别喜侧方荫庇，喜温凉湿润的气候与肥沃、湿润、排水良好的微酸性或中性土壤。其根系发达，生长快，萌生力强。主要以种子繁殖，也可通过压条和扦插进行繁殖。秋季落叶后至春季芽萌动前移植，移植时要避免损伤根系，大苗需带土球。凹叶厚朴主要分布于我国安徽、浙江西部、福建、湖南、广东北部等地区，生长于海拔300—1400米的林中，多栽培于山麓和村舍附近。

李垚 / 摄

花榈木

| 蔷薇目 | 豆科 |

花榈木（*Ormosia henryi*）是豆科红豆属，国家二级重点保护野生植物。花榈木是一种常绿乔木，高可达 16 米，胸径可达 40 厘米。树皮灰绿色，平滑，有浅裂纹。小叶革质，椭圆形或长圆状椭圆形。花榈木的花为蝶形花冠，花冠中央淡绿色。果实为荚果扁平，长椭圆形，顶端有喙。种子椭圆形，鲜红色，有光泽。其多生长于山坡、溪谷两旁杂木林内，常与杉木、马尾松等混生。花榈木适应性较强，喜光，喜肥沃及湿润土壤，耐阴且萌芽力强，根可以固氮。其木材致密质重，纹理美丽。全株可入药，能祛风散结，解毒去瘀。花榈木是一种具有较高经济价值和药用价值的常绿乔木。

李垚／摄

中华结缕草 ▸

| 禾本目 | 禾本科 |

中华结缕草（*Zoysia sinica*）是一种多年生草本植物，属禾本科、结缕草属，国家二级重点保护野生植物。草秆直立，高 10—30 厘米，具有横走根茎，茎部常具宿存枯萎的叶鞘。叶鞘无毛，叶舌不显著，为一圈纤毛。叶片条状披针形，边缘常内卷，叶片淡绿或灰绿色，背面色较淡。花序为总状花序穗形，小穗排列稍疏。小穗披针形或卵状披针形，黄褐色或略带紫色。果为颖果，棕褐色，长椭圆形，花果期为 5—10 月。它分布广泛，适宜在各种土壤上种植，尤其在排水良好的疏松沙质肥沃田块，可以充分发挥其生长潜力。此外，中华结缕草再生力强，耐践踏，病虫害少，养护管理容易，寿命长。中华结缕草是优良的草坪植物，广泛应用于各种体育运动场地。

第七章

海韵椰风，琼岛明珠
——海口

7

海口又称“椰城”，海南省的省会，是海南省政治、经济、科技和文化中心，以及交通枢纽。海口市位于海南岛的北部，北临琼州海峡，南海广阔的海域使得其成为一个重要的海港城市。海口市属于热带季风气候，全年气温较高，温暖湿润。

海口起源于汉代，有“水城”之称，开埠于宋末元初，迄今有900多年的历史。南宋设“海口浦”，“浦”字表示水边或河流入海之地。海口市处于热带滨海，热带资源呈现多样性，富有海滨自然特色景观。随着海口和琼山合并，海口市城市的规模明显扩大，进入快速发展进程。

海口湿地

一、海口城市魅力

在海口，不用特地去观赏也能看到独属海岛晚霞的浪漫，这里可以将脚步慢下来，去感受独特的大海魅力。海口的旅游资源丰富，以自然景观、热带风光以及历史遗址为主。海口一年四季温暖，气候宜人。海口近海海水清澈，常年风清浪平，有多处较为适宜的傍岸泳区，是游客的度假天堂。游客在这里可以享受阳光沙滩，尤其是西秀海滩、假日海滩等海滩区，适合开展各种水上活动，如游泳、冲浪、潜水等。

海口的城市风貌独特，充满了热带风情。街道两旁的椰子树摇曳生姿，为城市增添一份宁静与悠闲。漫步在街头巷尾，你可以感受城市的热情与活力。

海口的城市风貌（苏涛／摄）

白沙门公园（苏涛 / 摄）

白沙门公园是海口的一个城市公园，位于海甸岛北部，北端是琼州海峡。公园内绿树成荫，有湖泊、花园和步道，是市民散步、跑步的理想场所。

雷琼世界地质公园（火山口公园）是古代火山活动的遗址，有多个火山口，生动展示了火山喷发后的自然景观。雷琼火山是世界罕见的第四纪火山群，距今约 1 万年。这里有火山锥多达 40 座，熔岩隧道 30 多条，是我国唯一的热带城市火山群世界地质公园。公园珍稀植物、动物资源丰富，游客可以在这里感受到大自

雷琼世界地质公园

然的神奇与美丽。火山口的独特地貌和丰富的生态资源，为人们展示了大自然的鬼斧神工。

海南热带野生动植物园是一个展示海南独特动植物资源的生态园，园内有丰富的热带植物和动物，是喜爱自然生态的游客的理想之地。

海口骑楼老街保存着大量具有岭南风格的骑楼建筑，充满了历史的气息。骑楼，并不是指某一栋楼，而是一片街区。沿着长堤路前行，便能看到矗立在海甸溪旁的钟楼，依街傍水，景致优雅。钟楼的正对面，正是拥有700多年历史的骑楼老街。高耸的摩天大楼与古老的骑楼交相辉映，体现了现代与传统的完美结合。

作为海口最有历史感和代表性的街道，骑楼老街仿佛浓缩了整座城市的韵味。这里的一砖一瓦，一草一树，古朴中又透出点点灵动。骑楼建筑群上布满优雅细致的雕塑和洋派的装饰，脚踏在厚实的石板路面上，感受传统与现代交织的生活气息，仿佛能感受到南宋时期的繁华与喧嚣。

海口钟楼坐落在海口儿童公园内，是这座城市的标志性建筑，见证了海口的历史变迁。

骑楼老街

新旧沟湿地乡村公园规划区自然禀赋优异、生态环境优美且人文底蕴丰厚，蜿蜒的三桥沟、野趣盎然的林泽湿地、清澈见底的涌泉、绿树成荫的灌木林自然风光极其秀美。

石桥（蛇桥）位于海口市琼山区龙塘镇美味河上，因形状弯曲似蛇，被当地人称为“蛇桥”。蜿蜒的石桥水涨则没，水退则显，一年只

蛇桥（杨川 / 摄）

在初春至初夏时节露出水面。

丘濬祭抱元境神碑位于琼山区龙塘镇，立碑时间为明成化十年（1474）。碑文记载明朝时此地常有水患，民不聊生，为治理灾患，当地兴修水利工程，截流引水，使湿地变良田。丘濬为纪念此事，遣人来此祭祀而刻立此碑。

海口假日海滩旅游区是海南岛最大的热带温泉滨海海岸，位于市区西北部，北邻琼州海峡。海滩属于热带景观滨海带状型地带，岸线绵长，视野开阔，拥有热带岛屿景观代表元素。假日海滩旅游区内沙滩宽广、海水清澈，新鲜空气、椰林树影，是市民享受日光浴和沙滩运动的理想场所。

海口集海南特色美食之大成，美食深受本土文化及各地移民的影响，特色鲜明。在海口，可以品尝到各种美食，如海南四大名菜之一海南鸡饭。鲜嫩的白切鸡蘸上浓郁的酱料，味道鲜美，再配以特制的香米饭，每一口都能品味到鸡肉的鲜香和米饭的松软，令人回味无穷。

假日海滩（苏涛／摄）

海口椰子鸡

椰子鸡是海南的传统美食，选用本地土鸡和新鲜椰子一起炖煮，既有椰汁的清香味，又有土鸡的嫩滑口感，汤汁清香，富有营养。

清补凉由椰奶、绿豆、红豆、芋头、果脯等制成，是海南的传统甜品，口感清凉爽口，非常适合在热带地区中享用。海南炒粉是以米粉为主料，加入各类配料炒制而成的传统美食，米粉炒至金黄香脆，口感丰富。深受当地人和游客喜爱。

海口的海鲜是其一大亮点，无

论是餐厅还是路边摊，海鲜处处常见，种类也极为丰富。游客可以品尝到新鲜的鱼类、螃蟹、虾和贝类等，其中烤海鲜、蒸海鲜等吃法非常受欢迎。

二、海口湿地概况

自古以来，海口的发展与湿地、水密不可分，堪称“湿地博物馆”。海口市共有湿地面积 32202.38 公顷，湿地率达 13.32%。海口呈现出水城特质，湿地空间布局为“一轴、一带、两区和多点”。海口市的湿地类型包括滨海湿地、湖泊湿地、河流湿地及人工湿地等，共 11 个湿地型。其中，面积最大的湿地为东寨港国家级自然保护区湿地。海口主要有红树林湿地和火山熔岩湿地两大特色。目前，海口拥有多个国家级自然保护区和国家湿地公园。此外，还拥有三江红树林、响水河、潭丰洋、三十六曲溪和铁炉溪等 5 个省级湿地公园，45 个湿地保护小区。

海南睑虎（杨川 / 摄）

明星湿地

❶ 东寨港国家级自然保护区

东寨港国家级自然保护区位于海口市美兰区演丰镇，紧邻海口市与文昌市的交界处，是我国第一个红树林保护区，也是我国连片面积最大的红树林自然保护区。保护区红树植物共有36种，占全国的97%。保护区总面积3337.6公顷，被誉为“海上森林公园”。保护区以保护红树林生态系统和鸟类为主，栖息着多种珍稀濒危物种，是许多水禽的重要栖息地，被誉为“海口之肾”。保护区拥有丰富的动植物资源，是鸟类爱好者的天堂，尤其适合观鸟活动。保护区内开展生态旅游活动，设有红树林科普馆，游客可以在这里边学边玩，感受红树林的生态和谐。

行走在江东新区迈雅河两岸，流域所及已然换了模样。昔日星罗棋布的养殖水塘不见了踪影，一座座清水环抱的树岛跃然眼前。清风送爽，草绿花红，美丽画卷令人驻足流连。

东寨港国家级自然保护区

五源河国家湿地公园的红树林（杨川 / 摄）

② 五源河国家湿地公园

五源河国家湿地公园位于海口市秀英区。公园南起永庄水库，北至五源河河口海域，主要包括永庄水库、五源河以及五源河河口海域三个湿地单元，规划面积为 1300.58 公顷。公园湿地资源丰富，包含 4 个湿地类、10 个湿地型，湿地面积 958.39 公顷，湿地率为 73.69%。公园为野生动植物及微生物提供生存繁育空间，包括为鸟类、鱼类提供了丰富的食物和良好的繁衍庇护场所。园内共分布有野生维管植物 96 科 318 属 427 种，野生脊椎动物 25 目 66 科 154 种。目前，栗喉蜂虎、红原鸡等 10 余种国家二级重点保护野生动物已经在公园内安家，水蕨、野生稻等国家二级重点保护植物也在此繁茂生长。五源河国家湿地公园凭借优越的生态环境、丰富的科普资源，已成为市民游客亲近自然、休闲观光的理想目的地。

③ 美舍河国家湿地公园

美舍河国家湿地公园位于海南省海口市龙华区，由玉龙泉、羊山水库、沙坡水库、美舍河及沿河道部分公共绿地和凤翔公园组成，总面积 468.38 公顷，其中湿地面积 253.37 公顷，湿地率 54.09%。作为府城地区的“母亲河”，美舍河串联起丰富的湿地景观与人文活力、湿地公园的湿地资源划分为 2 类 6 型，即天然湿地包括河流湿地、沼泽湿地，以及人工湿地，涉及永久性河流、灌丛沼泽、淡水泉、库塘、水产养殖场、稻田 6 个湿地型。公园于 2023 年度新增斑头鸺鹠、绿翅金鸠等多种鸟类记录，还监测到非常稀有的海南特有种——露兜叶山螅。公园内环境优美，步道宽敞视野开阔，空气清新，是市民漫步、观鸟的城市绿洲。

海南海口美舍河国家湿地公园秋色

红树林与河流

④ 三江红树林省级湿地公园

三江红树林省级湿地公园位于江东新区，主要包括南洋河、南洋水库、演州河、马陵沟、三江湿地及内部的罗雅河 6 个主体单元。公园规划总面积为 889.04 公顷，其中湿地面积 701.92 公顷，湿地率高达 78.95%。公园内红树林种类丰富，包括真红树植物 11 科 24 种、半红树植物 10 科 12 种。红树的根扎在滩涂地下，呼吸根露出水面，招潮蟹在树根下打洞，形成独特的生态系统。公园不仅是国际湿地城市中的红树林实体博物馆，还是东亚—澳大

利西亚迁徙路线上的鸟类天堂。

⑤ 海口响水河省级湿地公园

海口响水河省级湿地公园位于海口市的东北部，靠近海口市的西海岸，南接秀英区，东临大英山区域。公园距离海口市中心较近，交通便利，适合市民前来游玩和参观。园区规划总面积为 330.92 公顷，其中湿地面积为 215.65 公顷，湿地率高达 65.17%。湿地公园湿地资源丰富，是海口市城郊保存最完好的湿地资源之一，也是羊山湿地的核心区域之一。公园内的湿地结构丰富，从上游的深潭浅滩到下游蜿蜒的河道，形成独特湿地地貌，兼具景观美学与生物栖息功能。该湿地公园是区域生物多样性保护核心区、湿地景观保护核心区、湿地生态文化集中展区、珍稀野生植物的繁育基地。

⑥ 三十六曲溪省级湿地公园

三十六曲溪省级湿地公园位于海口市琼山区中部，地处南渡江的“最美支流”区域，周边交通便捷。公园规划总面积为 278.46 公顷，其中湿地面积 236.20 公顷，湿地率为 84.82%。湿地资源可划分为 3 个湿地类型，即河流湿地、沼泽湿地和人工湿地。三十六曲溪省级湿地公园以其蜿蜒曲折的河道和稻田交织的美丽景观著称。高空俯瞰，河道宛如一条绿色的彩带，在田野里飘动，百转千回最终汇入南渡江。夏收时节，成熟的稻田与蜿蜒曲折的河道交织成一幅美丽的乡村画卷。该湿地公园不仅是生态保护的典范，更是重要的生态旅游景点，展示了海南乡村的自然美和生态多样性。

三十六曲溪省级湿地公园

新旧沟湿地·九曲溪（杨川／摄）

⑦ 新旧沟湿地乡村公园

新旧沟湿地乡村公园位于海口市中部，属南渡江流域三桥沟水系，规划总面积为1638公顷。乡村公园内具有丰富的生物多样性，有108科299属461种野生维管植物和64科124属146种野生脊椎动物。公园有着“水盈为洋，水退为田”的田洋动态交替景观、湿地田园景观，还有以火山石为主要材料的古村落建筑群、1200年历史的严塘陂、亭塘陂古水利设施、近600年历史的古蛇桥、丘浚祭抱元境神碑，是集自然风光、历史人文、原生态乡村于一体的重要湿地公园。

三、海口湿地动物

海口市拥有丰富的野生动物资源。五源河国家湿地公园内共有野生脊椎动物 25 目 66 科 154 种，其中国家二级重点保护野生动物（如红原鸡、褐翅鸦鹃、虎纹蛙等）多达 11 种。2023 年，公园内新增鸟类 16 种、两栖动物 1 种、爬行动物 2 种、蜻蜓 1 种，鸟类物种增加到 169 种。

东寨港国家级自然保护区是我国红树林中连片面积最大、树种最多、林分质量最好、生物多样性最丰富的自然保护区，是物种基因和资源的宝库。每年冬季，万鸟起舞是东寨港国家级自然保护区内著名一景。黑脸琵鹭、勺嘴鹬、褐翅鸦鹃、黑嘴鸥等鸟类停驻在保护区内的水田、沼泽、潮间滩涂、红树林、鱼塘等区域。一年一度的海南越冬水鸟调查显示，2009 年保护区鸟类为 190 多种，2023 年增长到了 230 种。东寨港国家级自然保护区是越冬水鸟们青睐的越冬“天堂”。

海上森林鸟儿飞

明星动物

彩鹮

| 鹳形目 | 鹮科 |

彩鹮（*Plegadis falcinellus*）是一种鹮科、彩鹮属的鸟类，国家一级重点保护野生动物。因其喙长而弯曲，也被称为“弯嘴鹮”。体长为49—66厘米，翼展可达100厘米，体重480—800克。成鸟的羽毛分布在背部、翼部和头部，呈现非常独特的色彩，一般具有铜绿色和紫色的光泽，因此得名“彩鹮”。其腿部较长，喜爱栖息在湿地、河流、湖泊、沼泽以及沿海浅滩等地区。彩鹮通常在水边寻找食物，主要以水生昆虫、软体动物、小型鱼类、爬行动物、蛙类及植物的种子等为食。彩鹮通过弯曲的喙在水中觅食，它们会在浅水区或泥滩上移动脚步触动水底，利用触觉来探测水中的猎物。彩鹮是一种季节性迁徙鸟类，在季节性迁徙时，它们可能会飞越长距离，跨越山脉、河流和大洋，寻找适宜的栖息地和食物。彩鹮在全球范围内有较为广泛的分布。

杨川 / 摄

红原鸡

| 鸡形目 | 雉科 |

红原鸡（*Gallus gallus*）是家鸡的祖先，通常被称作“红色丛林鸡”，国家二级重点保护野生动物。红原鸡体形较小，雄性体长约 60 厘米，雌性稍小。雄性羽毛色彩鲜艳，是红色、橙色和黑色的混合，颈部有明显的羽毛冠，尾羽色彩较为华丽。雌性羽毛较为朴素，多为棕色或灰色，便于在森林中隐蔽。雄性红原鸡有一对鲜红色的肉垂，用于吸引雌性，雄性还有显眼的冠部。红原鸡栖息于热带和亚热带的森林中，尤其喜欢灌木和高大树木的栖息地。红原鸡为杂食性动物，以种子、果实、草根、昆虫和小型无脊椎动物为食，善于在地面上觅食。繁殖季节时，雄性会通过鸣叫、摆动尾羽以及展示羽毛来吸引雌性，雌性会选择最强壮的雄性作为配偶。红原鸡是家鸡的直接祖先，家鸡的基因很大一部分来自这一物种。在人工养殖和驯化的过程中，原鸡逐渐演化成不同品种的家禽。

杨川 / 摄

褐翅鸦鹃

| 鹃形目 | 鸦鹃科 |

褐翅鸦鹃（*Centropus sinensis*），又名“中国褐翅鸦鹃”，是鸦鹃科的一种鸟类，属国家二级重点保护野生动物，体长为40—52厘米。通体除两翅、肩和肩内侧外为栗色、其余全为黑色。常栖息在低海拔的森林、灌木丛和竹林中，也喜欢栖息在农田和靠近人类活动的周围区域。一般生活在热带和亚热带气候的地区，偏好较为隐蔽的环境。它是食肉性鸟类，主要以昆虫及其他小型无脊椎动物为食，也吃一些杂草种子、果实。常在林间跳跃或飞行，能够快速在枝头间穿梭。

紫水鸡 ▸

| 鹤形目 | 秧鸡科 |

杨川 / 摄

紫水鸡（*Porphyrio porphyrio*）是一种中型涉禽，属秧鸡科、紫水鸡属，国家二级重点保护野生动物。紫水鸡体长 40—45 厘米，体大而壮。体羽大多为紫蓝色，带有金属光泽，被誉为“世界上最漂亮的水鸟”。翅膀和胸部的羽毛为蓝绿色，尾下覆羽为白色。头部额甲宽大，后缘呈截平状，橙红色。嘴粗壮，鲜红色，膨大而短。脚和趾暗红色，跗跖和趾长而有力，能够抓住和操纵食物。紫水鸡栖息于有水生植物的淡水或咸水湖泊、河流、池塘、水坝、漫滩或沼泽地中，也见于城镇的湖泊、河流中的绿洲。紫水鸡通常在清晨和黄昏活动，白天多躲藏在芦苇丛中。其性情温顺而胆小，活动时声音较为嘈杂，善于行走和在地面奔跑，常于浅水处活动，也能攀爬在芦苇茎上，或在漂浮于水面的植物或叶片上行走和停息。在我国，紫水鸡主要分布在云南、广西、广东和福建等地。

栗喉蜂虎 ▸

| 佛法僧目 | 蜂虎科 |

栗喉蜂虎（*Merops philippinus*）属佛法僧目、蜂虎科、蜂虎属，国家二级重点保护野生动物。体长26—28厘米。头顶及上背羽毛为草绿色沾黄，喉部栗红色，腰部和尾羽为浅蓝色，中央尾羽延长，突出约65毫米。主要栖息于林缘疏林、灌丛、草坡等地，也出现于农田、海岸、河谷和果园等地，尤其喜欢近海低洼处的开阔原野及林地。栗喉蜂虎常单独或成小群活动，多在上空飞翔觅食，休息时多停在树上。繁殖期群鸟聚于多沙地带，较少飞行或滑翔，待在栖木上等待过往昆虫。栗喉蜂虎主要以各种蜂类为食，也吃其他昆虫，在海南五源河国家湿地公园为留鸟。

鹗 ▸ ｜鹰形目｜鹗科｜

鹗（*Pandion haliaetus*），又名“鱼鹰”，是鹰形目、鹗科、鹗属仅有的一种中型猛禽，国家二级重点保护野生动物。鹗体长 51—64 厘米，体重 1000—1750 克。头部白色，头顶具有黑褐色的纵纹，枕部的羽毛稍微呈披针形延长，形成一个短的羽冠。上体羽毛多为暗褐色，飞行时翼下图案为其重要鉴别特征。外趾可向后反转，形成对趾，趾上布满刺状鳞，适合捕捉光滑的鱼类。鹗主要栖息于湖泊、河流、沼泽等水域附近，尤其喜近水环境。鹗是捕鱼猛禽，捕鱼时在水面上空缓慢盘旋或振翅悬停于空中，然后扎入水中，只留翼尖在水面。主要以鱼类为食，也会捕食其他小型水生动物。

褐冠鹃隼

| 鹰形目 | 鹰科 |

褐冠鹃隼（*Aviceda jerdoni*），是鹰科、鹃隼属的一种中型猛禽，国家二级重点保护野生动物。体长 46—48 厘米，体重约 350 克。头顶红褐色而具有黑色的纵条纹。头顶有由 2—3 枚羽毛构成的长黑色冠羽，常常垂直竖立于头上，尖端为白色，特点非常鲜明。褐冠鹃隼栖居于丘陵、山地或平原森林，有时也出现在疏林草坡、村庄和林缘田间，多在晨昏活动。主要以昆虫为食，也吃蜥蜴、蝙蝠、鼠类和蛙等小型脊椎动物。栖息于高大树木的顶枝，以细树枝筑巢。常单独活动，有时也结成 3—5 只的小群。

虎纹蛙 ▸

| 无尾目 | 叉舌蛙科 |

虎纹蛙（*Hoplobatrachus rugulosus*）是叉舌蛙科、虎纹蛙属的两栖动物，国家二级重点保护野生动物。雌性体形通常大于雄性，成年体长可达 12 厘米，体重 250—500 克。虎纹蛙体色为黄绿色或灰棕色，散布有绿褐色斑纹。四肢横纹明显，体和四肢腹面为肉色，咽部和胸部具有棕色斑。背部有长短不一且不规则的肤棱，间散有小疣粒。头部及体侧有深色不规则的斑纹。四肢粗壮，趾间结构利于划水，这使得它们在水中游泳和在陆地上快速移动都非常出色。虎纹蛙是肉食性动物，其蝌蚪则摄食水中的原生动物、藻类及有机碎屑等天然饵料。虎纹蛙生活于海拔 20—1120 米的山区、平原、丘陵地带的稻田、鱼塘、水坑和沟渠内。

海南睑虎

| 有鳞目 | 睑虎科 |

海南睑虎（*Goniurosaurus hainanensis*）又叫“海南守宫”“眼皮守宫”，是中国特有物种，国家二级重点保护野生动物。海南睑虎体长约 15 厘米，躯干尾部有横纹，躯干粗壮。海南睑虎喜欢阴冷潮湿的环境，夜行，以昆虫为食。海南睑虎分布于我国海南省具有喀斯特地貌的区域以及热带雨林或季雨林的潮湿地面，于 2021 年被列入我国《国家重点保护野生动物名录》。

灰脉褐蜻

| 蜻蜓目 | 蜻科 |

灰脉褐蜻（*Trithemis pallidinervis*）是2022年在海口五源河国家湿地公园发现的新物种，目前已知其分布于海南省海口五源河国家湿地公园。

卢刚 / 摄

华丽宽腹蜻

| 蜻蜓目 | 蜻科 |

周海琴 / 摄

华丽宽腹蜻（*Lyriothemis elegantissima*）是2022年在海南省海口市五源河国家湿地公园内发现的新物种，刷新了海南蜻蜓生物多样性纪录。

露兜叶山蟌

| 蜻蜓目 | 野山蟌科 |

卢刚 / 摄

露兜叶山蟌（*Podolestes pandanus*）是海南特有珍稀物种，属昆虫纲、蜻蜓目、束翅亚目、野山蟌科动物。雄虫复眼褐色，面部具有黄色和绿色斑纹；胸部黑色，肩前条短而宽，黄绿色；腹部暗褐色，基部几节具有淡黄色或蓝绿色斑点，中部几节具有淡黄色斑点；中部腹节背面淡褐色，腹部末端主要黑色，尾部侧面呈现大白斑。露兜叶山蟌对生态环境要求独特，常见于低海拔的热带地区，一般栖息在阴暗浓密的树林和平静的水面。1999 年，该物种首次在海南万宁被发现，后一度销声匿迹。海口畓榃湿地研究所对海口五源河湿地公园和美舍河国家湿地公园进行蜻蜓监测，并于 2023 年 10 月在上述两地发现露兜叶山蟌的踪迹。

裳凤蝶 ▸

| 鳞翅目 | 凤蝶科 |

裳凤蝶（*Troides helena*）是凤蝶科、裳凤蝶属的一种大型蝴蝶，国家二级重点保护野生动物。该蝶飞翔的时候姿态优美，后翅黄色斑在阳光照射下金光灿灿，显得华贵美丽。幼虫寄主为多种马兜铃属的植物，取食该属植物的叶；成虫访花，喜欢滑翔飞行，较缓慢。该蝶种每年可发生二代以上。卵为红色圆球形，表面光滑，初产卵呈粉红色，1 天后渐渐转为棕红色，接近孵化时转为灰色。

曜丽翅蜻 ▸

| 蜻蜓目 | 蜻科 |

卢刚 / 摄

曜丽翅蜻（*Rhyothemis plutonia*）是 2022 年在海南省海口市五源河国家湿地公园内发现的新物种。在漫长的演化后，蜻蜓成了体形细小、翅膀单薄，具有较快的飞行速度。不同种类的蜻蜓，其稚虫生活于溪流、水塘、湖泊、滨海湿地等不同环境中。

四、海口湿地植物

海口市植物资源丰富，拥有 1356 种野生植物，其中包括海南特有的 40 多种植物。国家一级重点保护野生植物有苏铁、坡垒和海南黄花梨等；国家二级重点保护野生植物有黄檀、粗榧和土沉香等。

东寨港国家级自然保护区内植物资源丰富，有红树植物 20 科 36 种。美舍河国家湿地公园共记录维管束植物 173 种，隶属 69 科 148 属。美舍河国家湿地公园乔木层以苦楝、对叶榕、波罗蜜等本地植物为主要优势种。五源河国家湿地公园中有着不同种类的植物，按生活型可将其分为草本、灌木、乔木、藤本等 4 种类型。该公园共有维管植物 145 种，隶属 55 科 130 属。五源河国家湿地公园乔木层则以厚皮树、桉树、苦楝为主。

湿地植物为鸟类提供栖息地（杨川 / 摄）

明星植物

红榄李 ▸ 丨桃金娘目丨使君子科丨

红榄李（*Lumnitzera littorea*）是使君子科、榄李属的乔木或小乔木，国家一级重点保护野生植物，被誉为红树林“大熊猫”。红榄李高可达 25 米，树皮黑褐色，纵裂。具有细长的膝状出水面呼吸根，这些根系帮助植物在潮间带环境中呼吸。叶互生，常聚生枝顶，叶片肉质而厚，呈倒卵形或倒披针形，或窄倒卵状椭圆形，叶脉不明显。总状花序顶生，花瓣红色，长圆状椭圆形。花期在 5 月，果期在 6—8 月。红榄李适生于风平浪静、土壤含盐 0.46%—2.7% 的海湾淤泥中。它主要分布在热带和亚热带的海岸港湾、河口湾等受掩护水域。红榄李在净化海水、防风消浪、维持生物多样性、固碳储碳等方面发挥着重要作用。

水菜花

| 沼生目 | 水鳖科 |

杨冠宇 / 摄

水菜花（*Ottelia cordata*）是水鳖科、水车前属植物，国家二级重点保护野生植物。须根多数，长 15—30 厘米，径约 2 毫米。叶基生，异型；沉水叶长椭圆形、披针形或带形，全缘，长 30—60 厘米，宽 4.5—10 厘米，浮水叶阔披针形或长卵形，长 10—20 厘米，宽 4—10 厘米，全缘，较沉水叶厚，革质，色深具光泽。花单性，雌雄异株；佛焰苞腋生，具长梗，长卵形。水菜花主要生长在淡水沟渠及池塘中，对水质要求较高，被称为“水质试金石”。主要分布在我国海南岛的羊山湿地和潭丰洋湿地公园。

对叶榕

| 荨麻目 | 桑科 |

对叶榕（*Ficus hispida*）是桑科、榕属的小乔木或灌木状植物。对叶榕的叶常对生，叶片为厚纸质，呈卵状长椭圆形或倒卵状长圆形。对叶榕喜湿，耐阴，喜生于沟谷潮湿地带，在我国分布于广东、海南、广西、云南和贵州。对叶榕的根、叶入药，具有清热利湿、消积化痰、行气散瘀的功效，可用于治疗感冒发热、支气管炎、消化不良、痢疾、跌打肿痛等。对叶榕在海口五源河国家湿地公园和美舍河国家湿地公园中都有记录，是乔木层的主要优势种之一。

杨川 / 摄

蒲桃

| 桃金娘目 | 桃金娘科 |

蒲桃（*Syzygium jambos*）是桃金娘科、蒲桃属木本植物。广分枝，小枝圆形；叶片披针形或长圆形；有花数朵，为绿白色；果实为球形，成熟时黄色。蒲桃花期 3—4 月，果期 5—6 月。蒲桃耐水湿、喜暖热气候、喜光、耐旱瘠和高温干旱，对土壤要求不严、根系发达、生长迅速、适应性强，以肥沃、深厚和湿润的土壤为最佳，多为播种繁殖、扦插繁殖。果实的可食用率高达 80% 以上，除鲜食外，还可与其他原料制成果膏、蜜饯或果酱，果汁经过发酵后，还可酿制高级饮料。《纲目拾遗》和《本草再新》均记载了蒲桃入药，具有清热解毒、暖胃健脾、补肺止嗽的功效。蒲桃树木生长快，木材坚硬，坚实致密，可作高级家具和工艺用材，还是良好的防风固沙植物。

飞瀑草

| 川苔草目 | 川苔草科 |

飞瀑草（*Cladopus nymanii*）是川苔草科、飞瀑草属植物，国家二级重点保护野生植物，被 IUCN 列为“易危物种”。飞瀑草主要生长在瀑布下的石头上，因其形似苔藓而得名，是一种矮小植物，根狭长而扁平，适应水流湍急的环境。不育枝上有簇生、线形、长 3—4 毫米的叶，叶的顶端在春季常变紫色，在夏季呈黄绿色；能育枝上的叶常作指状分裂，长 1—2 毫米，宽 1—3 毫米，覆瓦状排列。其根狭长而扁平，绿色而常带红，宽 0.5—3 毫米，羽状分枝，借吸器紧贴于石上。飞瀑草主要分布在热带和温带地区，我国有川藻属、飞瀑草属和水石衣属 3 个属，约 6 个种，主要分布在福建、广东、海南、广西和云南等。2016 年，在海南鹦哥岭国家级自然保护区发现了川苔草科的两个新种。飞瀑草对生长环境要求苛刻，其生长的地方必然是水质清澈的环境，这使得它在生态保护、科研和观赏方面也具有重要价值。

海芋

| 泽泻目 | 天南星科 |

海芋（*Alocasia odora*）是天南星科、海芋属的大型常绿草本植物，喜高温、潮湿，耐阴。花序梗圆柱形，常绿色。肉穗花序芳香，雌花序白色，不育雄花序呈绿白色，能育雄花序淡黄色；浆果红色，卵状。海芋生长在海拔200—1100米热带雨林及野芭蕉林中。在漫长的进化过程中，海芋为了保护自己，特意制造出了复杂的汁液，这些汁液有毒性，动物一旦接触这种液体，就会出现红肿和瘙痒。

李垚／摄

厚皮树

| 无患子目 | 漆树科 |

厚皮树（*Lannea coromandelica*）是漆树科、厚皮树属植物，落叶乔木，高 5—10 米，树皮灰白色、厚，小枝密被锈色星状毛。该树花小，黄色或带紫色，排列成顶生分枝或不分枝的总状花序。核果卵形，成熟时紫红色。种子可榨油，树皮可以入药，茎皮纤维可织粗布。木材轻软，不易变形，干后不开裂，可作家具和箱板等。喜光、耐旱，适应性强，常见于低海拔丘陵、疏林或灌丛中。根系发达，能有效固土，是热带地区生态修复的先锋树种。在我国分布于海南、云南南部、广西南部、广东西南部等。

李垚 / 摄

尾声

湿地是地球上最重要的生态系统之一，是介于陆地生态系统（如森林和草地）与水生生态系统（如深水湖和海洋）之间的独特和复杂的生态系统。

《诗经》作为我国古代诗歌开端，如同一幅幅生动的画卷，其中的每一株植物都承载着 2500 多年前人们的悲喜与感怀。《诗经》中的名篇《蒹葭》云："蒹葭苍苍，白露为霜。所谓伊人，在水一方。溯洄从之，道阻且长。溯游从之，宛在水中央。"它描写的场景为深秋季节，天才破晓，因为芦苇叶片上还存留着夜间露水凝成的霜花。就在这样一个凌晨，诗人来到河边，为的是追寻那思慕的

《诗经》中的湿地植物——蓬草

人，而出现在眼前的是弥望的茫茫芦苇丛，冷寂与落寞，所盼的人在河水的另外一边……此情此景，就是描绘人与湿地景观的意境。

青少年湿地科普实践（张永 / 摄）

湿地是最富生物多样性的生态系统之一，它提供了丰富的食物资源和繁殖场所，支持着大量的动植物种群。在湿地中生活着各种水生植物，如芦苇、睡莲和其他植物；也生活着众多动物，如鱼类、水禽、两栖动物和昆虫等。这些生物构成了复杂的食物链，维系着湿地生态系统的稳定运转。

由于城市化、农业扩张、工业发展和环境污染等人类活动的影响，全球范围内的湿地面临着严重的退化和破坏。这不仅导致了许多珍稀濒危物种的栖息地丧失，也加剧了洪涝灾害和水资源匮乏。因此，保护和恢复湿地生态系统成为当今环境保护的重要议题之一。各国政府纷纷采取行动，加强湿地保护与管理，以确保湿地资源的可持续利用。

青少年作为社会未来的主人翁，应该认识到保护湿地的重要性，积极参与到湿地保护中来，倡导保护环境、珍爱生命的理念，为湿地生态系统的保护和可持续利用贡献一份力量。